Jose I. Iñiguez

Estrategias de Control de Potencia en Generación Distribuida

Jose I. Iñiguez

Estrategias de Control de Potencia en Generación Distribuida

Estrategias de Control de Potencia en Inversores de Generación Distribuida ante un Fallo de la Red Eléctrica

PUBLICIA

Imprint
Any brand names and product names mentioned in this book are subject to trademark, brand or patent protection and are trademarks or registered trademarks of their respective holders. The use of brand names, product names, common names, trade names, product descriptions etc. even without a particular marking in this work is in no way to be construed to mean that such names may be regarded as unrestricted in respect of trademark and brand protection legislation and could thus be used by anyone.

Cover image: www.ingimage.com

Publisher:
PUBLICIA
is a trademark of
Dodo Books Indian Ocean Ltd. and OmniScriptum S.R.L publishing group

120 High Road, East Finchley, London, N2 9ED, United Kingdom
Str. Armeneasca 28/1, office 1, Chisinau MD-2012, Republic of Moldova, Europe
Printed at: see last page
ISBN: 978-3-639-64702-0

RESUMEN

Esta tesis doctoral se centra en técnicas y estrategias de inyección de corriente reactiva para abordar eficazmente los desafíos asociados con la gestión de la red eléctrica durante condiciones anormales. El objetivo es ofrecer nuevas perspectivas y soluciones prácticas para mejorar la operación y la fiabilidad del sistema eléctrico. Para ello se presentan tres contribuciones.

La primera contribución se centra en un nuevo enfoque de control para la inyección de corriente reactiva en sistemas de generación distribuida. Se propone un método que permite la inyección de corriente reactiva independiente para cada fase, lo que optimiza la capacidad del sistema para gestionar desequilibrios de carga y eventos de falla. Además, incorpora un control de corriente máxima para proteger los inversores, garantizando un rendimiento seguro y eficiente.

La segunda contribución se enfoca en la mejora del soporte de tensión en microredes aisladas durante eventos de cortocircuito. Introduce una estrategia innovadora que utiliza vehículos eléctricos para proporcionar soporte de tensión inyectando potencia activa, en lugar de inyecciones reactivas convencionales. Este enfoque no solo mejora la estabilidad del sistema durante perturbaciones, sino que también evita sobretensiones no deseadas mediante un control coordinado entre los generadores distribuidos y los vehículos eléctricos.

La tercera contribución propone un esquema de control para la eliminación remota del desequilibrio de tensión en inversores conectados a la red. Este enfoque utiliza el concepto de red virtual para compensar la tensión de secuencia negativa en puntos remotos del sistema de potencia. Además, integra un control de corriente máxima para proteger los inversores y garantizar un rendimiento óptimo con un bajo tráfico de datos de control.

En resumen, estas contribuciones abordan diferentes aspectos relacionados con la operación y el control de sistemas de generación distribuida y microredes, desde la inyección de corriente reactiva hasta la compensación de desequilibrios de tensión, proporcionando soluciones innovadoras y eficientes para mejorar la estabilidad y la seguridad de la red eléctrica.

Palabras clabe:

Generación distribuida. Códigos de red. Microrredes. Inversor DC/AC. Sistema eléctrico. Desbalanceo de tensión.

ABSTRACT

This PhD thesis examines various reactive current injection techniques and strategies to address the challenges associated with power grid management during abnormal conditions. The aim is to offer new perspectives and practical solutions to improve the operation and reliability of the power system. To this end, three contributions are presented.

The first contribution focuses on a new control approach for reactive current injection in distributed generation systems. The method proposes a method of independent reactive current injection for each phase, which optimises the system's ability to handle load imbalances and fault events. In addition, peak current control is incorporated to protect inverters, ensuring safe and efficient performance.

The second contribution focuses on improving voltage support in isolated microgrids during short-circuit events. An innovative strategy is introduced that uses electric vehicles to provide voltage support by injecting active power, instead of conventional reactive injections. This approach not only improves system stability during disturbances, but also avoids unwanted overvoltages through coordinated control between distributed generators and electric vehicles.

The third contribution proposes a control scheme for the remote elimination of voltage unbalance in grid-connected inverters. This approach uses the virtual grid concept to compensate negative sequence voltage at remote points of the power system. In addition, it integrates peak current control to protect inverters and ensure optimal performance with low control data traffic.

To summarise, these contributions address various aspects of the operation and control of distributed generation systems and microgrids, including reactive current injection and voltage unbalance compensation. They provide innovative and efficient solutions to enhance grid stability and security.

Keywords:

Distributed generation. Grid codes. Microgrids. DC/AC inverter. Power system. Voltage unbalance.

Índice

1 Introducción

Las redes eléctricas han evolucionado desde grandes centros de generación hacia medianos y pequeños centros distribuidos geográficamente. Este cambio ha reducido las pérdidas debidas al transporte. En este sentido, los sistemas eólicos y fotovoltaicos son los sistemas de generación eléctrica que están teniendo un mayor crecimiento. Estas fuentes de energía se conectan a la red eléctrica conformando sistemas de generación distribuida (GD). Asimismo, para conectarse a la red eléctrica, se utilizan convertidores de potencia que actúan como interfaz entre el generador y la red. Entre los convertidores de potencia, los puentes trifásicos son elementos completamente controlables que permiten la configuración de redes inteligentes.

Para conectarse a la red eléctrica, el funcionamiento de los sistemas de GD debe cumplir una normativa denominada códigos de red. Cada país establece sus propios códigos de red, con ligeras diferencias entre ellos, y los actualiza en función de sus previsiones de expansión. Estos códigos, desarrollados y actualizados periódicamente, cubren varios aspectos relacionados con la calidad de la energía. Indican a los gestores de redes de transporte, a los gestores de redes de distribución y a los operadores de sistemas de generación eléctrica cómo interconectarse de manera eficiente y segura.

Los códigos de red reglamentan también sobre la calidad del suministro eléctrico en cuanto a distorsión, forma de onda, armónicos e interrupciones, que podrían perturbar y hasta dañar los aparatos y equipos de los consumidores. Además, describen los fallos transitorios que se producen en la red, denominados huecos de tensión, que son caídas de tensión provocadas por perturbaciones en algún punto distante de la unidad de generación distribuida. También describen cómo debe comportarse el sistema de GD ante estos fallos.

Los códigos de red se representan por una línea temporal que separa la zona de acción de la zona de desconexión. Entre los códigos de red, los denominados "low-voltage-ride-through" (LVRT) indican las acciones de control necesarias para mantener el sistema generador conectado a la red en caso de producirse un hueco de tensión. Esta normativa establece que el inversor debe inyectar potencia reactiva a la red con la finalidad de mantener la tensión y paliar en la medida de lo posible el fallo. Esta operación debe realizarse sin perturbaciones entre fases, sin oscilaciones ni sobretensiones, y, además, se debe limitar la corriente que circula por el inversor para no superar sus niveles máximos admitidos, evitando así dañarlo.

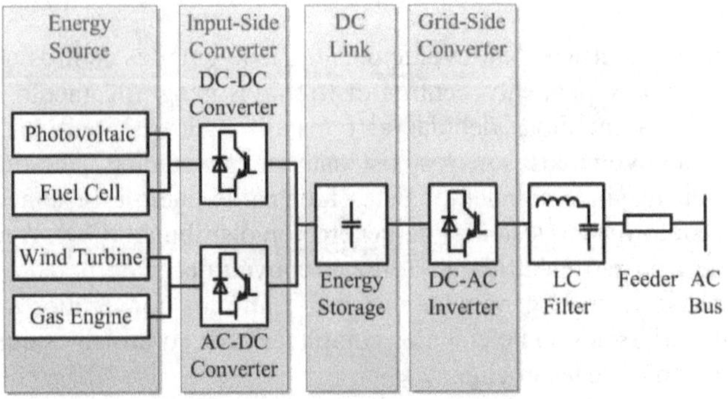

Figura 1: *Sistema de generación distribuida* [1]

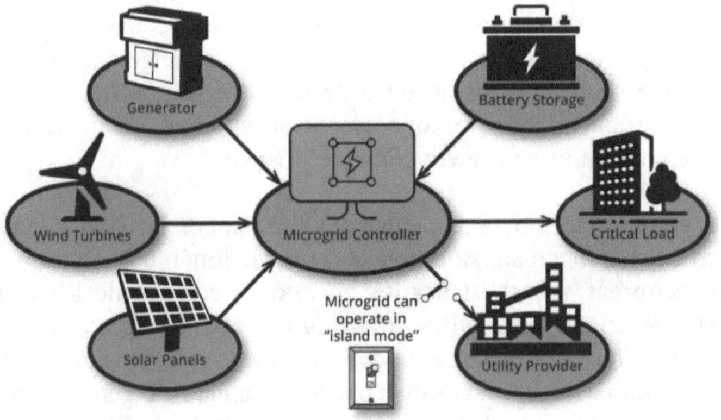

Figura2: *Sistema eléctrico basado en generación distribuida* [4]

Se han propuesto múltiples soluciones para abordar la problemática de los fallos de red y cómo los generadores distribuidos (GD) pueden ayudar a superarlos. Con el objetivo de contribuir a esta cuestión, el presente trabajo se centra particularmente en el control de inversores cuando se producen huecos de tensión en la red.

1.1 Generación distribuida

La GD consiste en la producción de energía eléctrica a partir de varias fuentes energéticas pequeñas, lo más cercanas posible a las cargas (Figura 1) [1]. La GD es una tecnología con fiabilidad demostrada [2] y su instalación con

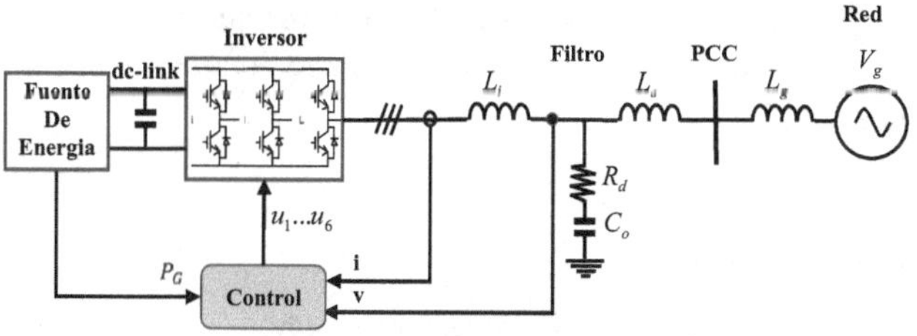

Figura 3: *Fuente de energía conectada a red a través de un inversor trifásico*

fuentes renovables está en constante crecimiento, lo que ha causado un gran impacto en la evolución y el funcionamiento de los sistemas electrónicos de potencia. El camino hacia la eliminación del carbono [3] es posible gracias a la instalación masiva de fuentes de energía de GD, siendo las plantas fotovoltaicas y eólicas conectadas a inversores trifásicos los principales exponentes para lograr esta transición energética. Aunque la mayoría de los retos para la integración de las fuentes de energía renovables ya se han resuelto, todavía se necesita investigación para aumentar el nivel de penetración de los sistemas de GD y la robustez del sistema eléctrico. La figura 2 muestra un sistema eléctrico o microrred, basado en generadores distribuidos [4].

1.1.1 Inyección de potencia mediante inversores

Las fuentes de GD se conectan a la red a través de inversores trifásicos provistos de un filtro (Figura 3). El punto de conexión se conoce como punto de conexión común (PCC). En funcionamiento normal, sin fallo, el control debe garantizar que el generador aporte a la red potencia activa. Esta potencia activa ha de ser la potencia generada (P_G), siempre y cuando la corriente máxima del inversor no sea excedida.

Las fuentes de energía renovables entregan la potencia al inversor trifásico a través de un condensador conocido como DC-Link, que permite balancear la potencia que proviene de la fuente de generación y la inyección hacia la red eléctrica. El bloque de control actúa sobre cada uno de los transistores del inversor ($u_1 \dots u_6$). Para ello, utiliza un algoritmo de control que tiene como entradas la corriente de salida del inversor, el voltaje en el punto medio del filtro y la potencia generada por la fuente de energía [3]. Un GD puede conectarse a la red como fuente de corriente o como fuente de tensión. En ambos casos debe volcar la energía de forma sincronizada, pudiendo ser energía activa, reactiva o ambas. Cuando un generador se conecta como fuente de corriente, la energía generada se ha de inyectar a la red eléctrica utilizando un control que calcula la corriente de referencia, realizando una sincronización de frecuencia y fase con la tensión sensada [5].

1.1.2 Códigos de red

Los fallos de red son una de las peores condiciones que los sistemas de GD deben abordar. Para continuar dando soporte a la red durante este tipo de perturbaciones, los operadores de sistemas han propuesto protocolos de voltaje y de inyección de corriente reactiva, denominados códigos de red. El protocolo LVRT dicta a las plantas de generación de energía cuándo desconectarse para su autoprotección en caso de detectarse un fallo en la red (Figura 4). Los requisitos del LVRT están bien establecidos y contienen ligeras modificaciones para los diferentes operadores de sistemas. Este protocolo se basa en diferentes niveles de tensión y la duración del fallo. La idea de este procedimiento es que, durante los cortocircuitos, la planta de energía se desconecte después de un tiempo si el fallo persiste. Cuando el fallo es superado, la planta de energía debe conectarse a la red reanudando la inyección de corriente activa.

La inyección de corriente reactiva es un servicio auxiliar exigido a los sistemas de producción de energía eléctrica con una potencia nominal significativa para la operación de la red. La Figura 5 muestra una representación genérica de la inyección de corriente reactiva especificada en los códigos de red [6]. El funcionamiento normal está marcado como zona de banda muerta y corresponde al intervalo de tensión $V_{dbL} < V < V_{dbH}$. La tensión nominal $V = 1$ p.u. se encuentra en el centro de este intervalo. La inyección de corriente reactiva no es necesaria en esta zona ($I_q = 0$) [7]. Por debajo de la banda muerta inferior V_{dbL}, el inversor debe inyectar corriente reactiva para aumentar la tensión del PCC. En la zona $V_{satL} < V < V_{dbL}$, la corriente es proporcional a la tensión. Para grandes perturbaciones ($V < V_{satL}$), el requisito de corriente reactiva satura $I_q = I_{sat}$ a un nivel cercano a la corriente nominal I_{rated} [8], [9]. Por encima de la banda muerta superior V_{dbH}, el inversor debe absorber corriente reactiva (signos negativos en la Figura 5) para disminuir la tensión del PCC [10], [11]. En la figura se muestra una zona con corriente reactiva proporcional a la tensión y otra con corriente saturada [12], [13]. Respecto a la interpretación del eje de tensión de la Figura 5, cabe señalar que no existe consenso en la comunidad investigadora sobre su interpretación. En algunos códigos de red y trabajos de investigación, esta tensión representa el voltaje de fase más bajo [14]. Otros, sin

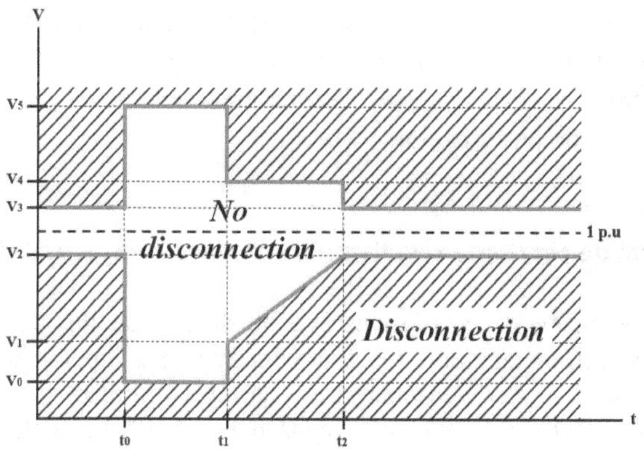

Figura 4: *Zona de conexión y zona de desconexión ante un fallo de red*

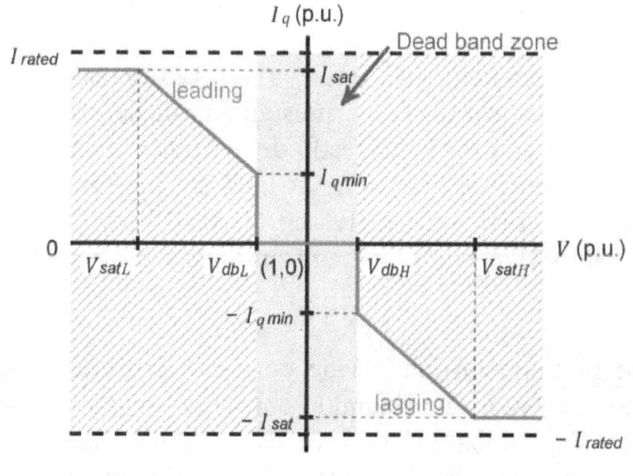

Figura 5: *Inyección de corriente reactiva basada en las exigencias del código de red* [6]

embargo, lo interpretan como el valor eficaz de las tres fases [15] o la tensión de secuencia positiva [16].

1.2 Estado del arte

Cuando se detecta un fallo en la red eléctrica, los sistemas de GD deben permanecer conectados y deben inyectar corriente reactiva para seguir los protocolos de los códigos de red. Además, para asegurar el correcto funcionamiento del sistema hay que tener en cuenta otros requerimientos, como no superar el valor de tensión admisible por la red, o no superar la corriente máxima admitida por el inversor. Actualmente, existe una amplia literatura que trata la problemática de los fallos desbalanceados en la red eléctrica y cómo deben comportarse los sistemas generadores para mejorar las prestaciones durante este tipo de perturbación.

1.2.1 Control de corriente reactiva para ayudar a superar fallos de red

Se han realizado diversas investigaciones relacionadas con los códigos de red y la inyección de corriente reactiva para ayudar a superar huecos de tensión. En [17]-[25] se analizan y comparan las distintas actualizaciones de los códigos de red, indicando las diferencias en cada país. En [26]-[30] los códigos de red determinan cómo debe comportarse un convertidor de potencia conectado a la red eléctrica ante un fallo, requiriendo que permanezcan conectados e inyectando corriente reactiva para mantener la tensión en la línea y continuar suministrando energía activa una vez el fallo ha sido superado.

Las primeras versiones de códigos de red y las primeras soluciones adoptadas para el control de fallos prescindían de la secuencia negativa [31]-[33], definiendo un control balanceado de secuencia positiva. Estas soluciones tienen el inconveniente de que, ante un fallo en una fase, el control inyecta la misma cantidad de corriente reactiva en las tres fases, incluso las que no han caído, o han caído levemente, pudiendo producir sobretensiones en ellas [34], [35].

En [34] se propone un control de corriente por cada fase ante un hueco desbalanceado de red, inyectando corriente reactiva para soportar las sobretensiones. Sin embargo, la inyección de corriente en una fase puede producir sobretensiones en las otras. Para intentar paliar esta deficiencia surgieron distintas soluciones en el control de corriente, logrando reducir las sobretensiones y las oscilaciones en las fases [29], [36]-[43]. Más tarde, se desarrolló un control flexible de secuencia positiva y negativa, de manera que el generador de corrientes de referencia depende de las secuencias positivas y negativas de las tensiones. Esta estrategia sirve de base para distintas soluciones de control desarrolladas posteriormente [29], [30], [35], [44], [45]. De esta manera, con la inclusión de la secuencia negativa en los controles, las influencias no deseadas de unas fases con otras se reducen.

Finalmente, la consideración del control incluyendo también la secuencia cero supone otra mejora, puesto que un sistema trifásico desbalanceado se descompone en secuencia positiva, negativa y cero. Con este fin, se utilizan los inversores trifásicos de cuatro hilos, donde el cuarto hilo (neutro) es dedicado a la circulación de la corriente correspondiente a la secuencia cero. Así, en [22] se utiliza un inversor trifásico de cuatro hilos que permite un control flexible que incluye las secuencias positiva, negativa y cero.

1.2.2 Control de soporte de la tensión

En condición de fallo de red, los límites de tensión en el punto de conexión común definen si el generador permanecerá conectado o si debe desconectare. Cuando inyectan potencia reactiva, los sistemas de generación ayudan a elevar la tensión. Esta acción se consigue al aumentar la amplitud de la secuencia positiva de la tensión por parte del inversor (ecuación (1)). Sin embargo, se corre el riesgo de exceder el valor de tensión admisible. Para evitar este riesgo, se realiza también una reducción de la tensión de secuencia negativa (ecuación (2)).

$$V^{+} \cong V_g^{+} + \omega L_g I^{+} \qquad (1)$$

$$V^{-} \cong V_g^{-} - \omega L_g I^{-} \qquad (2)$$

donde L_g es la impedancia inductiva equivalente de la red, V_g^+ la secuencia positiva de la tensión en la red, I_q^+ la corriente de secuencia positiva inyectada por el inversor, V_g^- la secuencia negativa de la tensión en la red y I_q^- la corriente de secuencia negativa inyectada por el inversor.

En [16] y [46] se propone una estrategia de control de corriente que realiza un soporte de tensión flexible, aumentando la tensión de la secuencia positiva y reduciendo la secuencia negativa simultáneamente. En [46] el control propuesto se realiza sin tener en cuenta los límites de tensión admitidos, lo que supone un inconveniente. En [47] la estrategia de control se centra principalmente en realizar soporte de tensión bajo huecos de tensión simétricos. En [48], sin embargo, se propone una estrategia de control que también funciona bien ante un fallo desbalanceado de la red. En este caso, el control empleado aumenta la amplitud de la secuencia positiva, inyectando potencia reactiva de secuencia positiva a través de la bobina, aumentando la tensión en el punto de acoplamiento común. Por el contrario, para reducir la secuencia negativa de la tensión, se inyecta potencia reactiva de secuencia negativa a través de la bobina. De esta manera, aumentando y reduciendo la tensión de secuencia positiva y negativa respectivamente, se consigue que el desequilibrio en la tensión se reduzca.

En [49] la estrategia de control propuesta genera las corrientes de referencia, combinando tanto la secuencia positiva como la secuencia negativa de las corrientes. Al mismo tiempo, se respetan los límites máximo y mínimo de la tensión impuesto por los códigos de red. Ante un hueco balanceado en la red, las tensiones son levantadas con la ayuda de un regulador de secuencia positiva. Por otro lado, en condiciones de desequilibrio, se fijan dos valores de referencia para la tensión y el regulador de corriente de secuencia positiva y negativa actúa logrando corregir el desequilibrio. En caso de una caída severa de la tensión, se activa una estrategia de saturación que inyecta solamente corriente de secuencia positiva, evitando sobrecorrientes.

En [50] y [51] se proponen estrategias de control tanto para redes inductivas como resistivas que inyecta potencia activa y reactiva a la red durante un hueco de tensión. Además, ante un hueco desequilibrado en la red, se limitan las tensiones en cada una de las fases, estableciendo un valor máximo y un valor mínimo según los códigos de red.

La estrategia propuesta en [52] y [53] realiza soporte de tensión maximizando el valor de la tensión de la fase más baja. El control funciona bien independientemente de la impedancia de la red. En [54] la estrategia de control inyecta simultáneamente el valor máximo de corriente reactiva de secuencia positiva para lograr aumentar la tensión en la fase defectuosa y corriente reactiva de secuencia negativa. El principal inconveniente de esta estrategia es que el control trabaja en lazo abierto. Para superar este inconveniente, en [54] se incorpora un lazo de control de tensión, lo que consigue evitar las sobretensiones. Se utilizan dos controladores PI, uno para inyectar la corriente nominal máxima en la fase perturbada, y el otro para evitar sobretensiones en las fases que funcionan correctamente.

Similar a las estrategias propuestas en [52]-[54], la estrategia de control en [55] también se basa en la minimización del factor de desequilibrio de tensión. Sin embargo, se obtiene una solución óptima basada en el conocimiento del ángulo de impedancia de la corriente inyectada.

Aparte de las estrategias de control de soporte de tensión mencionadas, existen varias propuestas para mejorar el soporte de tensión ante desequilibrios en la red. En [56] la inyección de corriente activa y reactiva se basa en la severidad de las caídas de tensión, sin exceder los niveles de corriente admitidos por el inversor. En [57] el factor de desequilibrio de tensión es minimizado empleando el control de la pendiente. El esquema de control inyecta las componentes de secuencia positiva y negativa de potencia activa y reactivas, para garantizar que la tensión del PCC se mantenga dentro de los límites especificados. En [58] se propone una estrategia de control basada en un componente simétrico desacoplado para un sistema trifásico de cuatro hilos. La estrategia inyecta potencia activa utilizando corriente de secuencia positiva del inversor. Además, la corriente de secuencia negativa y cero se utilizan para proporcionar soporte de tensión local y corregir el desequilibrio.

Se puede deducir que el conocimiento de la impedancia de la red es necesario para decidir el control de soporte de tensión adecuado, es decir, para una red inductiva, la inyección de potencia reactiva ayuda a elevar las tensiones de fase. En cambio, en una red resistiva es preferible la inyección de potencia activa [59]. En [60], se propone un modelo de control predictivo para mejorar el soporte de tensión bajo diferentes fallos de red. En este controlador, los objetivos de límite de tensión se logran incluyendo la componente de secuencia cero de tensión en las variables de referencias. En [61] se propone una estrategia de control sin comunicaciones para corregir el desbalanceo de tensión. En este esquema, no se requiere conocer la impedancia de red y se hace una estimación eligiendo las impedancias de línea para garantizar que la relación X/R seleccionada sea cercana a uno.

También se pueden utilizar convertidores de potencia como sistemas alternativos de transmisión de corriente flexibles (ATCF) [63]-[64] o filtros de potencia activos [65], [66], para superar problemas de voltaje durante caídas de tensión con resultados muy satisfactorios. Con ellos es posible corregir desbalanceos de tensión eliminando la tensión de secuencia negativa. El principal inconveniente de esta solución es el elevado coste que supone utilizar convertidores de potencia dedicados exclusivamente a mejorar la calidad de la red. Una opción alternativa para corregir las caídas de tensión es utilizar generadores distribuidos [67]-[69]. La función principal de los sistemas de GD es inyectar la potencia generada a la red eléctrica. Con la potencia restante, los sistemas GD pueden realizar funciones auxiliares como soporte de tensión. Como la capacidad de potencia disponible para funciones auxiliares normalmente es limitada, la mejora alcanzada con esta solución es menor que la obtenida con convertidores de potencia como ATCF [70], [71]. En el caso del soporte de tensión, la tensión de secuencia negativa rara vez es eliminada completamente y sólo se reduce [72], [73]. Sin embargo, el coste de esta solución es muy bajo, lo que la convierte en una muy buena opción.

En la literatura se han desarrollado varias estrategias de inyección de corriente reactiva de acuerdo con las especificaciones del código de red genérico que se muestra en la Figura 5 [74], [75]. Estas estrategias responden a una interpretación diferente del significado del eje de corrientes y tensiones en la Figura 5. La Tabla I las enumera, las cuatro primeras estrategias inyectan una corriente reactiva de secuencia positiva (I_q^+) en función de una tensión diferente para cada una de ellas [12], [13], [35], [40], [74]-[87]. Con estas estrategias de control se obtienen buenos resultados para el soporte de tensión, especialmente cuando el voltaje de secuencia negativa es bajo. Sin embargo, se ha observado un problema de sobretensión cuando la tensión de secuencia negativa es alta. En este caso, las amplitudes de las tensiones de fase son diferentes. Incluso, en algunos casos, algunas tensiones de fase pueden estar por encima del límite V_{dbH}, provocando un problema de sobretensión [35]. Este problema se resuelve en inversores de potencia trifásicos de cuatro hilos en los que las tensiones de fase están desacopladas. Por tanto, la inyección de corriente reactiva se puede realizar de forma independiente para cada fase, emulando el funcionamiento de un control monofásico [88]. Sin embargo, el problema es complicado en inversores trifásicos de tres hilos que tienen tensiones de fase acopladas. En estos sistemas, la principal limitación es que cuentan con una única entrada de control (I_q^+) para realizar soporte de tensión. Por lo tanto, no están optimizados para aumentar simultáneamente las tensiones de fase con amplitudes inferiores a V_{dbL} y disminuir los voltajes de fase con amplitudes superiores a V_{dbH}, como se desea en la práctica. La última estrategia de control de la Tabla I está ideada para solucionar este problema en inversores trifásicos de tres hilos [35]. Considera la inyección de corriente reactiva de forma independiente para cada fase, con el uso de tres entradas de control independientes para soporte de tensión (I_{qa}, I_{qb}, I_{qc}). Por eso, parece la mejor solución ya que proporciona la corriente reactiva necesaria por fase según la tensión de cada fase. Por tanto, si la tensión de una fase supera V_{dbH}, su corriente de fase reactiva será negativa, reduciendo su tensión de fase. Si la tensión de una fase está por debajo de V_{dbL}, su corriente de fase reactiva será positiva, aumentando su tensión de fase. Si una tensión de fase está en funcionamiento normal (dentro de la zona de banda muerta), su corriente de fase reactiva será cero. Sin embargo, en [35] la implementación del control no funciona correctamente cuando se activa la limitación de corriente. De hecho, este control utiliza dos mecanismos limitadores de corriente, el primero para priorizar la inyección de corriente reactiva y el segundo para eliminar la corriente de secuencia cero en el inversor trifásico de tres hilos. Cuando se activa este último mecanismo, no se cumplen los requisitos de corriente reactiva especificados por el código de red de la Figura 5.

En la actualidad, existe una gran cantidad de vehículos eléctricos (VE) conectados a la red eléctrica [62], [89], [90]. La carga de los vehículos eléctricos se realiza a través de convertidores de potencia avanzados que, cuando son bidireccionales, pueden utilizarse como sistemas de almacenamiento de energía [91].

TABLA I
ESTRATEGIAS DE INYECCIÓN DE CORRIENTE UTILIZANDO DIFERENTES INTERPRETACIONES DE LOS EJES DE LA FIGURA 5

Estrategia	Código de Red	Eje de corriete en Fig. 1 (I_q)	Eje tensión en Fig. 1 (V)	Significado de la tensión	Ref.
1	$I_q^+ = f(V^+)$	Amplitud de la corriente reactiva de secuencia positiva	Amplitud de la tensión de secuencia positiva	V^+	[40], [76]-[85]
2	$I_q^+ = f(V_{ag})$	Amplitud de la corriente reactiva de secuencia positiva	Tensión media	$V_{ag} = (V_a + V_b + V_c)/3$	[74], [86]
3	$I_q^+ = f(V_{ef})$	Amplitud de la corriente reactiva de secuencia positiva	Tensión eficaz	$V_{ef} = \sqrt{(V^+)^2 + (V^-)^2}$	[12], [13]
4	$I_q^+ = f(V_{min})$	Amplitud de la corriente reactiva de secuencia positiva	Amplitud minima de las tensiones de fase	$V_{min} = \min(V_a, V_b, V_c)$	[74]-[87]
5	$I_{qabc} = f(V_{abc})$	Amplitud de la corriente reactiva de fase ($x = a, b, c$)	Amplitudes de las tensiones de fase ($x = a, b, c$)	V_a, V_b, V_c	[35]

La combinación de los sistemas de GD y VE conectados a la red proporciona múltiples soluciones para mejorar la calidad de la red [92], [93], sobre todo, en una microrred aislada (μG) [94], donde los GD trabajan como fuentes de tensión [90] y los vehículos eléctricos funcionan como cargas controladas. Cuando la μG está en condición de fallo, los vehículos eléctricos pueden funcionar (cuando se están cargando) como fuentes de corriente que utilizan su capacidad almacenada para satisfacer las necesidades de energía [90], [94].

Las investigaciones de última generación proponen algunos servicios auxiliares para vehículos eléctricos en μG aisladas, por ejemplo, soportando la frecuencia del sistema [95] o actuando como un control secundario de caída de tensión para restaurar la amplitud de tensión [96]. Los vehículos eléctricos pueden colaborar con el soporte de tensión durante el funcionamiento normal [97], [98] y pueden usarse en un control cooperativo de tensión en redes de baja tensión [99], [100]. Durante perturbaciones, a medida que la tensión cae, el vehículo eléctrico se puede usar para inyectar energía reactiva, siguiendo los protocolos LVRT [93], [101].

TABLA II
COMPARACIÓN DE DISTINTOS CONTROLES PARA LA COMPENSACIÓN DEL DESBALANCEO EN INVERSORES CONECTADOS A RED

Ref.	Compensación tensión de secuencia negativa	Limitación corriente máxima	Transmisión señales de control	Localización de la compensación	Dependencia inductancia de red
[107]	reducción	No especificado	sin communicaciones	Salida del inversor	sí
[108]	reducción	sí	sin communicaciones	Salida del inversor	sí
[109]	reducción	sí	sin communicaciones	Salida del inversor	no
[110]	reducción	No especificado	sin communicaciones	Salida del inversor	no
[111]	eliminación	No especificado	sin communicaciones	Salida del inversor	no
[112]	eliminación	No especificado	sin communicaciones	Salida del inversor	no
[113]	eliminación	No especificado	$v^-_{j\alpha}$, $v^-_{j\beta}$, $(i^-_{k\alpha})^*$, $(i^-_{k\beta})^*$	punto remoto	no
propuesta	eliminación	sí	$v^-_{j\alpha}$, $v^-_{j\beta}$	punto remoto	sí

1.2.3 Compensación remota de desbalanceo de tensión

La compensación del desequilibrio de tensión mediante inversores conectados a la red es actualmente un tema candente de investigación. En los sistemas de potencia, los inversores pueden funcionar como fuentes de tensión, regulando el voltaje y la frecuencia. En este escenario, [102]-[106] proponen varios controles para la compensación del desbalanceo de tensión. Cuando el inversor está conectado a la red, opera como una fuente de corriente controlada con controles de compensación de desbalanceo de tensión. Las características de estos controles se muestran en la Tabla II. Los controles de eliminación de tensión de secuencia negativa desarrollados reducen la tensión no compensada en más de un 25% [107]-[110]. Propuestas posteriores consiguen reducirlo en un 5% [111]-[113]. Algunos tipos de cargas son muy sensibles a la tensión de secuencia negativa, por lo que éste es un tema importante [111].

1.2.4 Control de limitación de corriente de pico

La limitación de corriente máxima del inversor es otra cuestión importante. Cuando el inversor supera su corriente máxima, el control de pico de corriente debe limitar las corrientes de fase, manteniendo formas de onda sinusoidales para que la distorsión armónica no aumente. Es un problema desafiante porque, cuando el inversor inyecta corriente de secuencia negativa para compensar la tensión de secuencia negativa, las amplitudes de las corrientes de fase son diferentes. No se ha encontrado ninguna solución que elimine por completo la tensión de secuencia negativa [111]-[113]. En la Tabla II, se comparan las principales características de las diferentes propuestas.

La estrategia de control discreto propuesta en [31] y [46] asegura la calidad de la potencia y limita la corriente máxima y mínima inyectada en condiciones de fallo de la red. En cambio, la estrategia propuesta en [88] inyecta corriente reactiva de secuencia negativa para controlar los picos de corriente, basada en el método de control de secuencia positiva-negativa.

En [114] se plantea una estrategia de control que considera la componente de secuencia cero. Normalmente, los controles de corriente convencionales truncan la componente de secuencia cero y utilizan sistemas de tres hilos, por lo que tienen cuatro variables de control. La estrategia de control de [114] dispone de seis variables de control y un inversor de cuatro o seis hilos, para conseguir un mejor rendimiento en condiciones de desequilibrio de la red.

En [115] y [116] se presenta un control flexible que limita las corrientes máximas mediante la inyección de potencia activa y reactiva de secuencia positiva y negativa. Este control garantiza que las corrientes inyectadas no superen la corriente nominal del inversor por lo que evita sobrecorrientes. El principal inconveniente de la estrategia de control en [31] es su complejidad en comparación con otros controles, ya que depende en gran medida del factor de desbalanceo de la tensión y del ángulo de fase entre las secuencias positiva y negativa, lo que puede limitar sus aplicaciones. El control en [116] consigue limitar la corriente de pico realizando una limitación de la corriente de secuencia negativa. Con el fin de superar el inconveniente mencionado en [31], en [117] se presenta una estrategia que no depende ni del factor de desbalanceo ni del ángulo de fase entre las secuencias positiva y negativa. Por otro lado, [118] propone un control basado en las secuencias positiva y negativa de la conductancia y la susceptancia, para lograr varios objetivos como la limitación de corriente de pico o la reducción de las oscilaciones de las potencias activas y reactivas.

Finalmente, la estrategia presentada en [119] y [120] elimina las oscilaciones de las potencias activa y reactiva inyectando corriente sinusoidal. También realiza un control de limitación de corriente de pico durante los fallos de red. El algoritmo de control de [120] determina la corriente máxima del inversor a partir del valor mínimo de los ángulos entre las tres fases.

1.2.5 Control de la calidad de la tensión del DC-Link

Tanto los sistemas fotovoltaicos como los eólicos implementan un control de seguimiento de máxima potencia para garantizar que el sistema entregue la máxima potencia a la red. En condiciones de fallo de red, puede ser problemático que el control de seguimiento de máxima potencia siga actuando ya que podría producir sobretensiones en el condensador del DC-Link, lo que podría dañarlo y acortar su vida útil.

Por otro lado, los códigos de red son cada vez más restrictivos para dispositivos conectados a la red. Estas normas exigen que los inversores conectados a la red contribuyan ayudando a superar las caídas de tensión y, así, continuar conectados a la red incluso si la red está desequilibrada. Por lo tanto, es necesario que estos convertidores controlen tanto la corriente de secuencia positiva como la de secuencia negativa. Sin embargo, esta operación puede producir oscilaciones en la tensión del DC-Link, que puede afectar el buen funcionamiento del inversor. En general, un convertidor conectado a la red operando bajo tensiones o corrientes desequilibradas intercambia potencia instantánea oscilante de doble frecuencia con la red. Estas oscilaciones generan una ondulación de tensión en el DC-Link con la misma frecuencia [121]. En [122] se propone un método de control, que realiza inyección de corriente reactiva de secuencia positiva y secuencia negativa para ayudar a superar un desequilibrio en la red, minimizando las oscilaciones de tensión en el DC-Link. La desventaja de esta estrategia de control es la imposibilidad de controlar la ondulación de la potencia reactiva.

1.3 Objetivos

La evolución del estado del arte muestra una optimización de la normativa de los códigos de red y de las estrategias de control que soportan los huecos de red. Las primeras soluciones solo consideraban la secuencia positiva, y las acciones de control eran comunes a las tres fases. Las soluciones de control fueron perfeccionándose con el tiempo, incluyendo la secuencia negativa y, más recientemente, la secuencia cero. Sin embargo, el estudio del estado del arte ha permitido detectar problemas sin resolver, indicando la tendencia a seguir en el presente trabajo de investigación.

Este trabajo gira en torno a dos principales planteamientos acerca de la problemática detectada en relación con soporte de tensión y la inyección de corriente reactiva:

✓ Únicamente [35] obtiene una solución para tratar las caídas de tensión individuales por cada fase. Sin embargo, no trata de corregir las sobretensiones.

✓ No se han encontrado modelos de microrredes basadas en inversores que se desbalancean por culpa de la resistencia virtual de protección cuando trabajan como fuentes de tensión. Esto implica que, cuando esto ocurre el control de soporte de tensión no es válido.

✓ La mayoría de las soluciones para la eliminación de tensión de secuencia negativa remota en inversores conectados a red utilizan un alto tráfico de datos de control, lo que supone el inconveniente de que estos controles son más susceptibles a las posibles averías en la red de comunicación y dependen en gran medida del periodo de transmisión para ejecutarse.

Teniendo en cuenta estas consideraciones, los objetivos marcados en la presente tesis doctoral son:

1. Controlar la corriente activa y reactiva inyectadas independientemente en cada una de las fases durante un hueco en la red, proponiendo mejoras en los códigos de red, para que den los valores de las corrientes reactivas a inyectar en cada fase en función de su tensión.

2. Teniendo en cuenta que un fallo en la red eléctrica puede incluir tanto bajadas de tensión como sobretensiones, como segundo objetivo, se realizará un algoritmo de control capaz de absorber corriente reactiva por parte del inversor trifásico. La absorción de corriente reactiva se efectuará independientemente en cada una de las fases, con el fin de corregir una posible sobretensión que pueda ocurrir en alguna de ellas.

3. Modelar una μG aislada con alta conexión de VE ante un cortocircuito y proponer un control que proteja al sistema contra sobrecorrientes y proporcione soporte de tensión optimizado ante esta casuística.

4. Realizar un control con bajo tráfico de datos para la eliminación de tensión de secuencia negativa remota en cualquier punto de una μG.

2. Técnicas convencionales de inyección de corriente

2.1 Introducción

Un generador distribuido puede conectarse a la red como fuente de corriente o como fuente de tensión. En ambos casos, debe volcar la energía de forma sincronizada, pudiendo ser energía activa, reactiva o ambas. Para este objetivo, se utiliza un control que calcula la corriente de referencia, realizando una sincronización de frecuencia y fase con la tensión sensada [2]. En funcionamiento normal el sistema trifásico será equilibrado y sólo tendrá secuencia positiva. Las potencias activa y reactiva de secuencia negativa serán cero. Por lo tanto, el control de corriente para la inyección de potencia solo será función de la secuencia positiva.

2.2 Inyección de corriente en un sistema trifásico balanceado

Idealmente, en un sistema de tensión alterna trifásica balanceado, las amplitudes en cada fase son idénticas con un desfase de 120º entre ellas. Si las cargas aplicadas están también equilibradas, el sistema de corrientes también será balanceado y su suma será cero (Figura 6 (a)).

2.2.1 Descripción de un sistema trifásico balanceado

La Figura 6 (a) muestra la representación fasorial de un sistema trifásico genérico. En ella se representan los fasores de las tensiones del inversor $\vec{V}_a$, $\vec{V}_b$, $\vec{V}_c$, sus corrientes $\vec{I}_a$, $\vec{I}_b$, $\vec{I}_c$ y el ángulo de la tensión θ_V y de la corriente θ_I en la fase a, respecto a la tensión de la fase a de la red V_{ga}. Cabe destacar que el desfase entre $\vec{V}_a$ y V_{ga} es una exageración puramente representativa para una mejor interpretación y no corresponde con ninguna aplicación real.

La representación matemática de las tensiones del inversor V_i viene expresada por el vector de fasores:

$$\begin{bmatrix}\vec{V}_a & \vec{V}_b & \vec{V}_c\end{bmatrix}^T = \begin{bmatrix} Ve^{j\theta} & Ve^{j\left(\theta-\frac{2\pi}{3}\right)} & Ve^{j\left(\theta+\frac{2\pi}{3}\right)}_c \end{bmatrix}^T \quad (3)$$

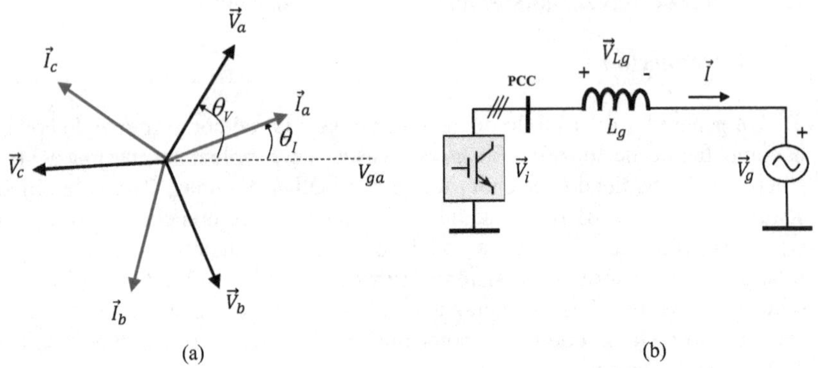

Figura 6: *Representación fasorial del sistema trifásico balanceado (a) y circuito unifilar del inversor conectado a red (b)*

sobre el que se define el fasor-vector de espacio $\vec{V}_e$ que representa al sistema trifásico, y que tiene la cualidad de simplificar los cálculos eléctricos:

$$\vec{V}e=\frac{1}{3}\begin{bmatrix} e^{j0} & e^{j\frac{2\pi}{3}} & e^{-j\frac{2\pi}{3}} \end{bmatrix}\begin{bmatrix} Ve^{j\theta} \\ Ve^{j\left(\theta-\frac{2\pi}{3}\right)} \\ Ve^{j\left(\theta+\frac{2\pi}{3}\right)} \end{bmatrix}=\frac{1}{3}\left(e^{j0}Ve^{j\theta}+e^{j\frac{2\pi}{3}}Ve^{j\left(\theta-\frac{2\pi}{3}\right)}+e^{-j\frac{2\pi}{3}}Ve^{j\left(\theta+\frac{2\pi}{3}\right)}\right)=Ve^{j\theta}. \quad (4)$$

La expresión del vector de fasores del sistema trifásico puede recuperarse mediante el cálculo inverso:

$$\begin{bmatrix} \vec{V}_a \\ \vec{V}_b \\ \vec{V}_c \end{bmatrix}=Ve^{j\theta}\begin{bmatrix} e^{j0} \\ e^{-j\frac{2\pi}{3}} \\ e^{j\frac{2\pi}{3}} \end{bmatrix} \quad (5)$$

Para simplificar el análisis, se considera el diagrama unifilar de la Figura 6 (b). Utilizando el concepto de fasor de espacio y el de sistema balanceado, y analizando el circuito de la Figura 6 (b), considerando la tensión de red en el origen de fases:

$$\vec{V}_g=V_g e^{j0}=V_g \quad (6)$$

la tensión en el PCC, $\vec{V}_i$, será:

$$\vec{V}_i=V_i e^{j\theta_V}. \quad (7)$$

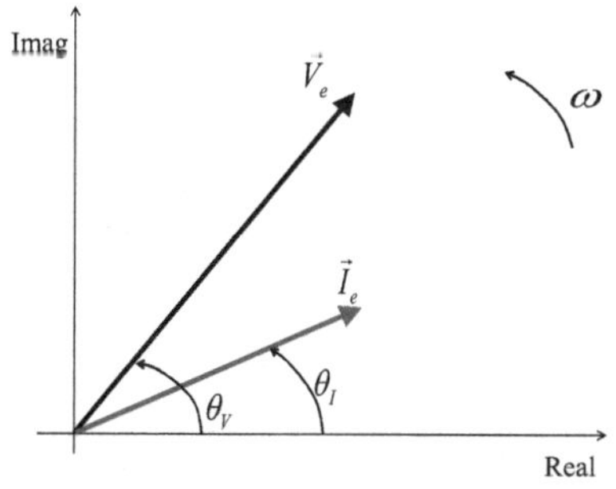

Figura 7: *Representación del sistema trifásico de tensión y corriente del inversor mediante los fasores vectores de espacio*

La corriente fasor de espacio $\vec{I}_e$, que circula por el circuito, será:

$$\vec{I}_e = \frac{\vec{V}_i - \vec{V}_g}{X_L} = \frac{V_i e^{j\theta_V} - V_g e^{j0}}{j\omega L_g} = \frac{V_i(\cos\theta_V + j\sin\theta_V) - V_g}{j\omega L_g} = \frac{V_i \sin\theta_V}{\omega L_g} + j\frac{(V_g - V_i\cos\theta_V)}{\omega L_g} = Ie^{j\theta_I} \quad (8)$$

donde la parte real será la corriente activa:

$$I_p = \frac{V_i \sin\theta_I}{\omega L_g} \quad (9)$$

y la parte imaginaria será la corriente reactiva:

$$I_q = \frac{(V_g - V_i\cos\theta_V)}{\omega L_g}. \quad (10)$$

De forma que la potencia aparente, la activa y la reactiva, inyectadas por el inversor, vendrán dadas por la expresión:

$$S = P + jQ = 3(\vec{V}_i \cdot \bar{\vec{I}}) = 3(V_i e^{j\theta_V} Ie^{-j\theta_I}) = 3V_i Ie^{j(\theta_V - \theta_I)} = 3V_i I_p + j3V_i I_q. \quad (11)$$

Donde $\bar{\vec{I}}$ es el conjugado del fasor de la corriente. La representación mediante el fasor vector de espacio se corresponde también con una impedancia y tensión de línea idénticas para las tres fases simplificando los cálculos posteriores, pero que presupone la situación ideal de equilibrio del sistema, como puede verse en la figura 7.

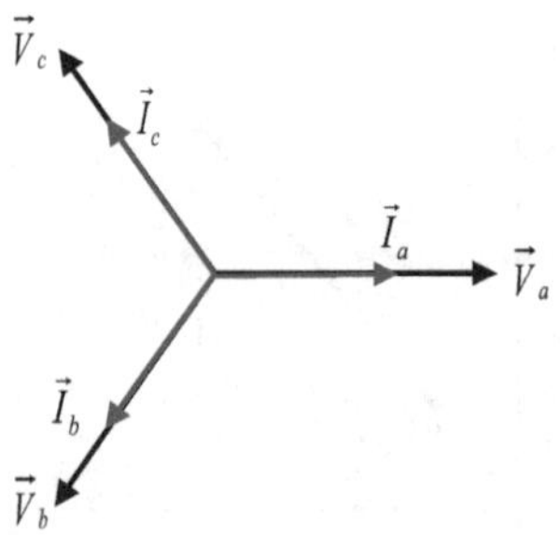

Figura 8: *Inyección de corriente activa: $I_p > 0$, $I_q = 0$, del inversor*

2.2.2 Inyección de corriente activa

La condición de inyección de corriente activa, con corriente reactiva nula: $I_p > 0, I_q = 0$,
se producirá, en (8), si:

$$\theta_V \neq 0 \quad \text{y} \quad V_i = \frac{V_g}{\cos\theta_V} \tag{12}$$

La corriente será la parte real de (8):

$$\vec{I} = \frac{V_i \sin\theta_V}{\omega L}, \tag{13}$$

siendo $P > 0$ y $Q = 0$.

La representación fasorial trifásica de tensiones y corrientes del inversor se muestra en la Figura 8.

2.2.3 Inyección de corriente reactiva

Si en (8) se cumple que la fase de la tensión del inversor es cero: $\theta_V = 0$, la corriente inyectada será reactiva (Figura 9 (a) y (b)):

$$\vec{I} = j\frac{(V_g - V_i)}{\omega L_g} \tag{14}$$

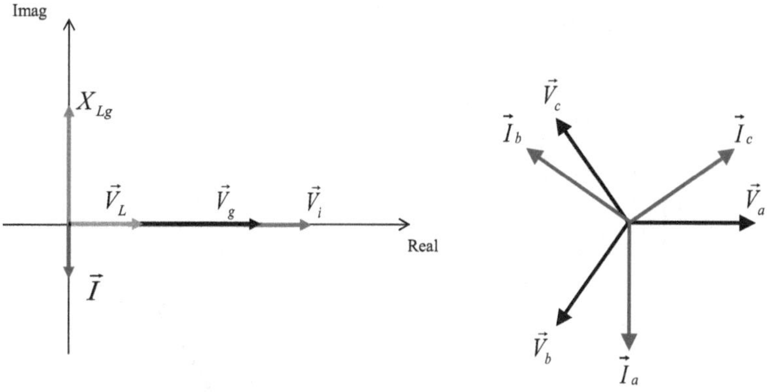

(a) (b)

Figura 9: *Representación en fasores de espacio de la inyección de corriente reactiva: $I_p = 0$, $I_q > 0$*

Si el módulo de la tensión del inversor es mayor que la de red: $V_i < V_g$, entonces se absorberá corriente reactiva de la red:

$$\vec{I} = -jI \tag{15}$$

Es decir, potencia activa nula y reactiva negativa: $P = 0$, $Q < 0$.

La tensión sobre la inductancia L_g es:

$$\vec{V}_{L_g} = \vec{I} \cdot X_{L_g} = -jI \cdot j\omega L_g = I\omega L_g \tag{16}$$

teniendo en cuenta que $V_I = V_{PCC}$ y aplicando la 2ª ley de Kirchhoff en la malla tenemos:

$$\vec{V}_g = \vec{V}_{L_g} + \vec{V}_{PCC} = I\omega L_g + V_{PCC} \tag{17}$$

De donde obtenemos la tensión en el PCC y el efecto de reducción de la tensión que produce la absorción de corriente reactiva:

$$V_{PCC} = V_g - I\omega L \qquad \left|\vec{V}_{PCC}\right| \downarrow\downarrow \tag{18}$$

La representación fasorial de las magnitudes calculadas es ilustrativa y se representa en la Figura 10 (a) y (b).

Si se genera una tensión tal que $V_i > V_g$, entonces la corriente será reactiva con signo positivo:

$$\vec{I} = jI\ . \tag{19}$$

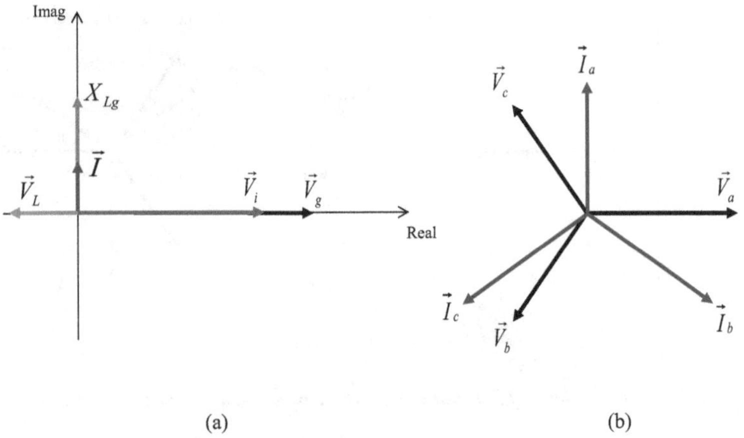

Figura 10: *Representación en fasores del sistema trifásico de la absorción de corriente reactiva: $I_p = 0$, $I_q < 0$*

Por lo tanto, la potencia inyectada será reactiva: $P = 0$ y $Q > 0$ Entonces, la tensión en la inductancia de línea será:

$$\vec{V}_{Lg} = \vec{I} \cdot \vec{X}_{Lg} = jI \cdot j\omega L_g = -I\omega L_g \tag{20}$$

y, aplicando la 2ª ley de Kirchhoff a la malla, se tiene:

$$\vec{V}_i = \vec{V}_{L_g} + \vec{V}_g = -I\omega L_g + V_g = V_{PCC} \tag{21}$$

de donde se tiene la tensión en el PCC. Además, se observa el efecto que tiene sobre ella la corriente reactiva inyectada:

$$V_{PCC} = V_g + I\omega L_g \quad => \quad \left|\vec{V}_{PCC}\right| \uparrow\uparrow \tag{22}$$

2.2.4 Generación de referencias

En la Figura 11, se representa en diagrama de bloques el control del inversor de la Figura 3 ante un sistema trifásico equilibrado. Las tensiones **v** y corrientes **i** son sensadas en las tres fases y transformadas a sus componentes *αβ*. Se introduce, como valores de referencia P^* y Q^*, la potencia activa generada P_G y la potencia reactiva deseada respectivamente. De esta manera, mediante el control de corriente, será posible inyectar sólo potencia activa; inyectar o

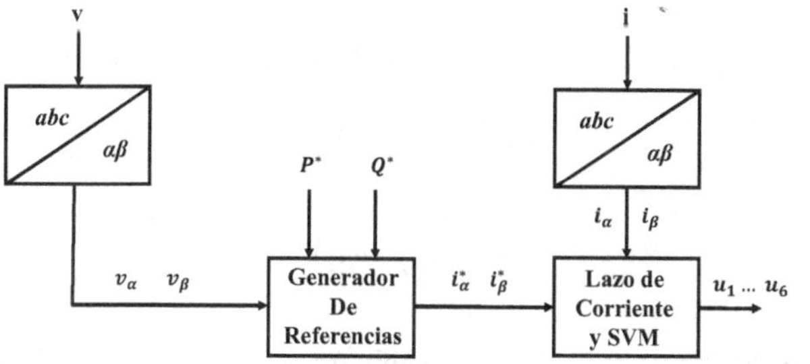

Figura 11: *Diagrama de bloques del control de corriente del inversor ante un sistema equilibrado*

absorber sólo potencia reactiva o la combinación de ambas. El control de corriente lo realiza el lazo de control, que compara las corrientes medidas con las corrientes de referencia mediante un control proporcional-resonante. Este control genera los ciclos de trabajo que pasan hacia el modulador Space Vector Modulator (SVM) para generar las señales de disparo de los interruptores, de u_1 a u_6 (Figura 3).

El control puede hacerse en el plano *dq* o *αβ*, indistintamente. En este trabajo, se ha considerado el control en el plano *αβ*, por lo que se realiza la transformada de Clarke, para tensiones y corrientes.

$$\begin{bmatrix} x_\alpha \\ x_\beta \end{bmatrix} = \frac{1}{3}\begin{bmatrix} 2 & -1 & -1 \\ 0 & \sqrt{3} & -\sqrt{3} \end{bmatrix}\begin{bmatrix} x_a \\ x_b \\ x_c \end{bmatrix} \tag{23}$$

Las corrientes y tensiones instantáneas de la línea se definen como:

$$\mathbf{v} = [v_a, v_b, v_c] \tag{24}$$

$$\mathbf{i} = [i_a, i_b, i_c] \tag{25}$$

Representando los fasores de espacio, tensión y corriente, en el plano *αβ,* se tiene:

$$\vec{V}_e = v_\alpha + jv_\beta \tag{26}$$

$$\vec{I}_e = i_\alpha + ji_\beta \tag{27}$$

La potencia aparente, la activa y la reactiva en el plano *αβ* son:

$$s = p + jq = \frac{3}{2}\vec{V}_e \cdot \bar{\bar{I}}_e = \frac{3}{2}(v_\alpha + jv_\beta)\cdot(i_\alpha - ji_\beta) = \frac{3}{2}(v_\alpha i_\alpha + v_\beta i_\beta) + j\frac{3}{2}(-v_\alpha i_\beta + v_\beta i_\alpha) \quad (28)$$

donde la potencia activa será la parte real y la reactiva la imaginaria:

$$p = \frac{3}{2}(v_\alpha i_\alpha + v_\beta i_\beta) \quad (29)$$

$$q = \frac{3}{2}(-v_\alpha i_\beta + v_\beta i_\alpha) \quad (30)$$

Las corrientes de referencia se calculan despejando i_α e i_β y sustituyendo la potencia activa instantánea generada y medida, por la potencia activa de referencia P^* fijada por el punto de máxima potencia del generador, y la potencia reactiva, por el valor de Q^* de referencia, función de la corriente reactiva fijada por los códigos de red. La obtención de los valores de referencia se realiza en el bloque "generador de referencias" de la Figura 11.

$$i_\alpha^* = \frac{2}{3}\frac{v_\alpha}{v_\alpha^2 + v_\beta^2}P^* + \frac{2}{3}\frac{v_\beta}{v_\alpha^2 + v_\beta^2}Q^* \quad (31)$$

$$i_\beta^* = \frac{2}{3}\frac{v_\beta}{v_\alpha^2 + v_\beta^2}P^* - \frac{2}{3}\frac{v_\alpha}{v_\alpha^2 + v_\beta^2}Q^* \quad (32)$$

2.3 Inyección de corriente en un sistema trifásico desbalanceado

La consideración de equilibrio en un sistema trifásico es una aproximación a la realidad. Es útil si no se desvía mucho de la situación de balanceo. Sin embargo, hay situaciones en las que el sistema trifásico no puede considerarse como equilibrado. Los desequilibrios pueden ser permanentes, debidos a un desbalanceo de las cargas, o bien transitorios, debido a arranque de generadores y motores, cortocircuitos u otro tipo de interferencia. En cualquier caso, es necesario recalcular las ecuaciones que modelan el sistema. El teorema de Fortescue es utilizado con este fin. Considera que un sistema trifásico desequilibrado se puede descomponer matemáticamente en una secuencia positiva, otra negativa y otra más denominada cero [123]. En la Figura 12, puede verse una representación de estas secuencias. Tiene la ventaja de que las secuencias en las cuales se descompone un sistema desequilibrado son equilibradas. Por lo tanto, las ecuaciones obtenidas son utilizables para sistemas desbalanceados.

2.3.1 Descripción de un sistema trifásico desbalanceado

Para que se cumpla la igualdad de la Figura 12, se ha de cumplir la igualdad en cada uno de los fasores (*a*, *b* y *c*) del sistema trifásico [123]. Es decir, se cumplirá:

$$v_a = v_a^0 + v_a^+ + v_a^- \quad (33)$$

$$v_b = v_b^0 + v_b^+ + v_b^- \quad (34)$$

$$v_c = v_c^0 + v_c^+ + v_c^- \quad (35)$$

donde v_a, v_b, y v_c son los valores instantáneos de la tensión en cada una de las fases:

$$v_a(t) = V_a \sin(\omega t + \theta_a) \quad (36)$$

$$v_b(t) = V_b \sin\left(\omega t + \frac{2\pi}{3} + \theta_b\right) \quad (37)$$

$$v_c(t) = V_c \sin\left(\omega t - \frac{2\pi}{3} + \theta_c\right) \quad (38)$$

Y V_a, V_b y V_c son las amplitudes de la tensión en cada una de las fases.

Puesto que las secuencias positiva y negativa son balanceadas, la expresión de los fasores *b* y *c* de estas secuencias, de acuerdo con la Figura 14, serán:

$$v_b^+ = V_a^+ \cdot 1 \cdot e^{-j\frac{2\pi}{3}} \quad (39)$$

$$v_c^+ = V_a^+ \cdot 1 \cdot e^{j\frac{2\pi}{3}} \quad (40)$$

$$v_b^- = V_a^- \cdot 1 \cdot e^{j\frac{2\pi}{3}} \quad (41)$$

$$v_c^- = V_a^- \cdot 1 \cdot e^{-j\frac{2\pi}{3}} \quad (42)$$

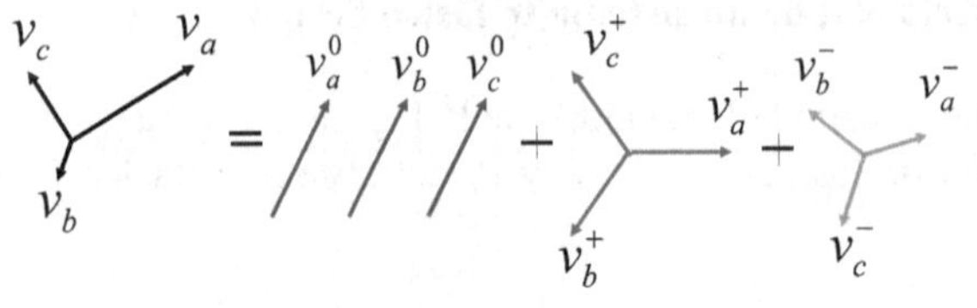

Figura 12: Descomposición de un sistema trifásico en secuencia positiva, negativa y cero

Sustituyendo en (33)-(35), se tiene:

$$v_a = v_a^0 + v_a^+ + v_a^- \tag{43}$$

$$v_b = v_a^0 + v_a^+ \cdot e^{-j\frac{2\pi}{3}} + v_a^- \cdot e^{j\frac{2\pi}{3}} \tag{44}$$

$$v_c = v_a^0 + v_a^+ \cdot e^{j\frac{2\pi}{3}} + v_a^- \cdot e^{-j\frac{2\pi}{3}} \tag{45}$$

Y que, expresado en forma matricial, el teorema de Fortescue es:

$$\begin{bmatrix} v_a \\ v_b \\ v_c \end{bmatrix} = \begin{bmatrix} 1 & 1 & 1 \\ 1 & e^{-j\frac{2\pi}{3}} & e^{j\frac{2\pi}{3}} \\ 1 & e^{j\frac{2\pi}{3}} & e^{-j\frac{2\pi}{3}} \end{bmatrix} \begin{bmatrix} v_a^0 \\ v_a^+ \\ v_a^- \end{bmatrix} = \mathbf{A} \cdot \begin{bmatrix} v_a^0 \\ v_a^+ \\ v_a^- \end{bmatrix} \tag{46}$$

donde las variables son fasoriales.

Despejando los fasores de las secuencias, se obtiene:

$$\begin{bmatrix} V_a^0 \\ V_a^+ \\ V_a^- \end{bmatrix} = \mathbf{A}^{-1} \cdot \begin{bmatrix} V_a \\ V_b \\ V_c \end{bmatrix} = \frac{1}{3} \begin{bmatrix} 1 & 1 & 1 \\ 1 & e^{j\frac{2\pi}{3}} & e^{-j\frac{2\pi}{3}} \\ 1 & e^{-j\frac{2\pi}{3}} & e^{j\frac{2\pi}{3}} \end{bmatrix} \begin{bmatrix} V_a \\ V_b \\ V_c \end{bmatrix}, \tag{47}$$

que representan los fasores de la secuencia cero y de la secuencia positiva y la negativa, que son sistemas equilibrados. Y los fasores b y c de las secuencias, positiva y negativa:

$$\begin{bmatrix} V_b^0 \\ V_b^+ \\ V_b^- \end{bmatrix} = \begin{bmatrix} 1 & e^{-j\frac{2\pi}{3}} & e^{j\frac{2\pi}{3}} \end{bmatrix} \begin{bmatrix} V_a^0 \\ V_a^+ \\ V_a^- \end{bmatrix} \tag{48}$$

$$\begin{bmatrix} V_c^0 \\ V_c^+ \\ V_c^- \end{bmatrix} = \begin{bmatrix} 1 & e^{j\frac{2\pi}{3}} & e^{-j\frac{2\pi}{3}} \end{bmatrix} \begin{bmatrix} V_a^0 \\ V_a^+ \\ V_a^- \end{bmatrix} \tag{49}$$

Respecto a la secuencia cero, es importante señalar que será la componente de tensión que hará circular una corriente por el neutro, si esta conexión existe.

De acuerdo con las expresiones del teorema Fortescue, las componentes de la secuencia cero serán iguales para las tres fases, y valdrán:

$$v_a^0 = v_b^0 = v_c^0 = \frac{1}{3}(v_a + v_b + v_c) \tag{50}$$

Para que $v_a{}^0 = 0$ se debe cumplir:

$$v_a + v_b + v_c = 0 \tag{51}$$

Que en general no se cumple. Por lo tanto:

$$\vec{V}_a^0 = \vec{V}_b^0 = \vec{V}_c^0 = V_a^0 e^{j\theta^0} \quad . \tag{52}$$

La obtención de la secuencia positiva en el marco αβ se realiza aplicando la transformada de Clarke (23) a las tensiones de secuencia positiva:

$$\begin{bmatrix} v_\alpha^+ \\ v_\beta^+ \end{bmatrix} = \frac{1}{3}\begin{bmatrix} 2 & -1 & -1 \\ 0 & \sqrt{3} & -\sqrt{3} \end{bmatrix} \begin{bmatrix} v_a^+ \\ v_b^+ \\ v_c^+ \end{bmatrix} = \frac{1}{3}\begin{bmatrix} 2 & -1 & -1 \\ 0 & \sqrt{3} & -\sqrt{3} \end{bmatrix} \frac{1}{3} \begin{bmatrix} 1 & e^{j\frac{2\pi}{3}} & e^{-j\frac{2\pi}{3}} \\ e^{-j\frac{2\pi}{3}} & 1 & e^{j\frac{2\pi}{3}} \\ e^{j\frac{2\pi}{3}} & e^{-j\frac{2\pi}{3}} & 1 \end{bmatrix} \begin{bmatrix} v_a \\ v_b \\ v_c \end{bmatrix} \tag{53}$$

$$\begin{bmatrix} v_\alpha^+ \\ v_\beta^+ \end{bmatrix} = \frac{1}{3}\begin{bmatrix} 1 & \left(-\frac{1}{2} + j\frac{\sqrt{3}}{2}\right) & \left(-\frac{1}{2} - j\frac{\sqrt{3}}{2}\right) \\ -j & \left(\frac{\sqrt{3}}{2} + j\frac{1}{2}\right) & \left(-\frac{\sqrt{3}}{2} + j\frac{1}{2}\right) \end{bmatrix} \begin{bmatrix} v_a \\ v_b \\ v_c \end{bmatrix}. \tag{54}$$

De forma similar, se obtiene las tensiones de la secuencia negativa en αβ:

$$\begin{bmatrix} v_\alpha^- \\ v_\beta^- \end{bmatrix} = \frac{1}{3}\begin{bmatrix} 2 & -1 & -1 \\ 0 & \sqrt{3} & -\sqrt{3} \end{bmatrix}\begin{bmatrix} V_a^- \\ V_b^- \\ V_c^- \end{bmatrix} = \frac{1}{3}\begin{bmatrix} 2 & -1 & -1 \\ 0 & \sqrt{3} & -\sqrt{3} \end{bmatrix}\frac{1}{3}\begin{bmatrix} 1 & e^{-j\frac{2\pi}{3}} & e^{j\frac{2\pi}{3}} \\ e^{j\frac{2\pi}{3}} & 1 & e^{-j\frac{2\pi}{3}} \\ e^{-j\frac{2\pi}{3}} & e^{j\frac{2\pi}{3}} & 1 \end{bmatrix}\begin{bmatrix} v_a \\ v_b \\ v_c \end{bmatrix} \quad (55)$$

$$\begin{bmatrix} v_\alpha^- \\ v_\beta^- \end{bmatrix} = \frac{1}{3}\begin{bmatrix} 1 & -\frac{1}{2}-j\frac{\sqrt{3}}{2} & -\frac{1}{2}+j\frac{\sqrt{3}}{2} \\ j & \frac{\sqrt{3}}{2}-j\frac{1}{2} & -\frac{\sqrt{3}}{2}-j\frac{1}{2} \end{bmatrix}\begin{bmatrix} v_a \\ v_b \\ v_c \end{bmatrix} \quad (56)$$

Finalmente, las amplitudes de las tensiones de secuencia positiva y negativa V^+ y V^- son:

$$V^+ = \sqrt{\left(v_\alpha^+\right)^2 + \left(v_\beta^+\right)^2} \quad (57)$$

$$V^- = \sqrt{\left(v_\alpha^-\right)^2 + \left(v_\beta^-\right)^2} \quad (58)$$

y el ángulo entre ellas

$$\varphi = \arctan\left(\frac{v_\alpha^- v_\beta^+ - v_\alpha^+ v_\beta^-}{v_\alpha^+ v_\alpha^- + v_\beta^+ v_\beta^-}\right) \quad (59)$$

2.3.2 Inyección de corriente activa y reactiva

En el esquema de control de la Figura 11 no se contempla que el sistema pueda estar desbalanceado. En este escenario, cuando la red se desbalancea aparecen harmónicos debidos a (31) y (32). Por este motivo, surgió el control de secuencia positiva de la Figura 13.

Por indicaciones de los códigos de red, el control de los fallos de red se realiza inyectando corriente reactiva, cuyo valor se obtiene de las funciones dadas por los propios códigos de red [4] (Figura 6). Esta función la realiza el bloque denominado “código de red”, en el sistema de control de la Figura 13.

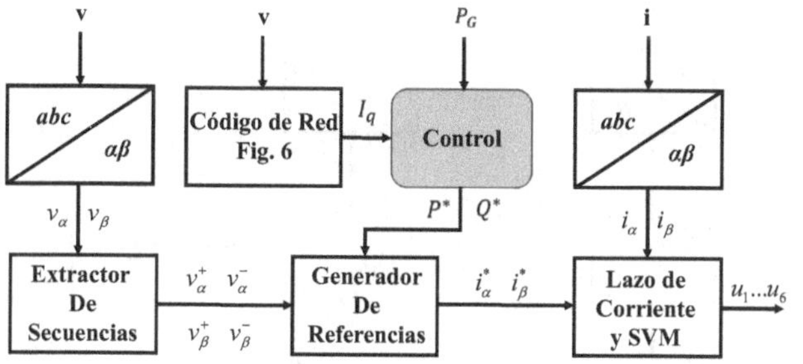

Figura 13: *Diagrama de bloques del control de secuencia positiva del inversor bajo un fallo de red*

El extractor de secuencias calcula las tensiones $\alpha\beta$ de secuencia positiva y negativa que se definen como [46], [124]:

$$v_\alpha^+ = V^+ \cos(\omega t + \varphi^+) \tag{60}$$

$$v_\alpha^- = V^- \cos(\omega t - \varphi^-) \tag{61}$$

$$v_\beta^+ = V^+ \cos(\omega t + \varphi^+ - \pi/2) \tag{62}$$

$$v_\beta^- = V^- \cos(\omega t - \varphi^- + \pi/2) \tag{63}$$

$$v_\alpha = v_\alpha^+ + v_\alpha^- \tag{64}$$

$$v_\beta = v_\beta^+ + v_\beta^- \tag{65}$$

donde φ^+ y φ^- son la fase de las tensiones de secuencia positiva y negativa respectivamente.

Las potencias activas y reactivas de referencia P^*, Q^* se obtienen a partir del código de red, de la potencia generada y de los objetivos de control deseados. El cálculo de las corrientes de referencia, que realiza el bloque "Generador de Referencias" de la Figura 13, se efectúa utilizando la relación de las corrientes con las tensiones y las potencias activas y reactivas calculadas por el bloque de control.

En las normativas más recientes, se tienen en cuenta tanto la secuencia positiva como la negativa. Basándose en las nuevas normativas de códigos de red, se desarrolló una nueva estrategia de control, denominada control flexible de secuencia positiva y negativa [17] (Figura 14).

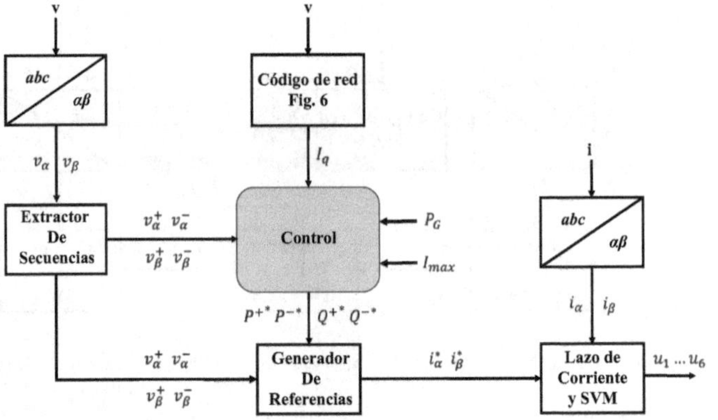

Figura 14: *Diagrama de bloques del control flexible de secuencia positiva y negativa bajo un fallo de red*

En la Figura 14, se representa el diagrama de control flexible de secuencia positiva y negativa. Las secuencias positiva y negativa de las potencias activas y reactivas de referencia se obtienen a partir de las exigencias del código de red, de la potencia generada, de la corriente máxima admitida por el inversor I_{max} y de los objetivos de control deseados. Los códigos de red especifican el valor de la corriente reactiva necesaria a inyectar para una determinada caída de tensión (Figura 6) [125], [126]. El cálculo de las corrientes de referencia que realiza el bloque "Generador de Referencias", se hace utilizando la relación de las corrientes con las tensiones y las potencias activas y reactivas de secuencia positiva y negativa de referencia P^{+*}, P^{-*}, Q^{+*}, Q^{-*}, calculadas por el bloque de control. El bloque "Generador de Referencias" realiza el cálculo de las corrientes de referencia aplicando (29) y (30) a las secuencias positiva y negativa:

$$i_\alpha^{+*} = \frac{2}{3}\frac{v_\alpha^+}{\left(V^+\right)^2}P^{+*} + \frac{2}{3}\frac{v_\beta^+}{\left(V^+\right)^2}Q^{+*} \tag{66}$$

$$i_\beta^{+*} = \frac{2}{3}\frac{v_\beta^+}{\left(V^+\right)^2}P^{+*} - \frac{2}{3}\frac{v_\alpha^+}{\left(V^+\right)^2}Q^{+*} \tag{67}$$

$$i_\alpha^{-*} = \frac{2}{3}\frac{v_\alpha^-}{\left(V^-\right)^2}P^{-*} + \frac{2}{3}\frac{v_\beta^-}{\left(V^-\right)^2}Q^{-*} \tag{68}$$

$$i_\beta^{-*} = \frac{2}{3}\frac{v_\beta^-}{\left(V^-\right)^2}P^{-*} - \frac{2}{3}\frac{v_\alpha^-}{\left(V^-\right)^2}Q^{-*} \tag{69}$$

Teniendo en cuenta que las corrientes de referencia i_α^* y i_β^* se definen:

$$i_\alpha^* = i_\alpha^{+^*} + i_\alpha^{-^*} \quad (70)$$

$$i_\beta^* = i_\beta^{+^*} + i_\beta^{-^*} \quad (71)$$

Finalmente, sustituyendo (66)-(69) en (70) y (71) tenemos:

$$i_\alpha^* = \frac{2}{3}\frac{v_\alpha^+}{\left(V^+\right)^2}P^{+^*} + \frac{2}{3}\frac{v_\beta^+}{\left(V^+\right)^2}Q^{+^*} + \frac{2}{3}\frac{v_\alpha^-}{\left(V^-\right)^2}P^{-^*} + \frac{2}{3}\frac{v_\beta^-}{\left(V^-\right)^2}Q^{-^*} \quad (72)$$

$$i_\beta^* = \frac{2}{3}\frac{v_\beta^+}{\left(V^+\right)^2}P^{+^*} - \frac{2}{3}\frac{v_\alpha^+}{\left(V^+\right)^2}Q^{+^*} + \frac{2}{3}\frac{v_\beta^-}{\left(V^-\right)^2}P^{-^*} - \frac{2}{3}\frac{v_\alpha^-}{\left(V^-\right)^2}Q^{-^*} \quad (73)$$

Las ecuaciones (72) y (73) representan las corrientes de referencia que comandan el control en el lazo de corriente. Incluyen las potencias activas y reactivas de las secuencias positiva y negativas, permitiendo controles flexibles que se pueden adaptar mejor al tipo de perturbación existente.

2.4 Modelado de una microrred aislada

Un sistema equilibrado ante un fallo desequilibrado se puede modelar con un modelo de marco de referencia estacionario (SRF), que presenta acoplamiento en el plano αβ. Los convertidores de fuente de tensión se protegen convencionalmente de sobrecorrientes provocadas, por ejemplo, por un cortocircuito, añadiendo una resistencia de salida virtual a su lazo de tensión. Este añadido cambiará también la relación R/L de las líneas de conexión equivalentes. Por tanto, resulta de gran interés obtener un modelo completo del sistema acoplado que, como se verá a continuación, vincula secuencias positivas y negativas de tensión y corriente. Para compactar la notación, el plano αβ se pasa a complejos combinando ambos valores reales en un número complejo. Finalmente, se obtiene un modelo completo de secuencias positivas y negativas del sistema. Cabe destacar que el modelado de una microrred en el plano complejo no se encuentra en la literatura y es una contribución original de nuestro grupo de investigación SEPIC (Sistemes Electrònics de Potència i Control de la UPC).

La calidad de la energía de la μG debe ser mantenida por uno o más GD que funcionen como fuentes de tensión. Para realizar el análisis, se supone un escenario μG compuesto por un solo GD que actúa como nodo. La Figura 15 muestra el diagrama simplificado de un GD conectado a un bus μG. En condiciones nominales, el GD alimentará las cargas y los vehículos eléctricos en carga con potencia activa y potencia reactiva. En caso de sobrecorriente, se debe proteger el convertidor de potencia que constituye el nodo formador de red. Convencionalmente, el convertidor de potencia que implementa la fuente de tensión está protegido contra sobrecorrientes durante la perturbación agregando una impedancia virtual al voltaje de salida [127], [128]. Añadiendo una resistencia de salida virtual al lazo de control de tensión se limita la corriente de salida a valores seguros. En este caso, la tensión en la salida del GD está determinada por su amplitud de referencia Vo, frecuencia ω y resistencia virtual Rv que se expresa como:

$$v_{DG\alpha}(t) = V_o \cos(\omega t) - R_V \cdot i_{DG\alpha}(t) \tag{74}$$

$$v_{DG\beta}(t) = V_o \sin(\omega t) - R_V \cdot i_{DG\beta}(t) \tag{75}$$

La Figura 15 también muestra el esquema simplificado de un vehículo eléctrico conectado a una μG que, en este caso, funciona como fuente de corriente. En condiciones nominales, la batería del vehículo eléctrico se carga a través del convertidor CC/CC bidireccional conectado al inversor trifásico que está conectado a la red a través del condensador de enlace DC-Link. En condiciones nominales de equilibrio, la tensión del bus sólo presenta secuencia positiva $\mathbf{v}^+$ (con amplitud V^+), siendo nula su secuencia negativa $\mathbf{v}^-$ (con amplitud $V^- = 0$).

Durante la carga convencional, las corrientes de referencia equilibradas **i** del VE se pueden formular como (72), (73), donde solo se absorbe potencia activa a través de la corriente de secuencia positiva $I_p^+ < 0$, siendo la corriente reactiva de referencia igual a cero $I_q^+ = 0$.

Como ya se ha explicado, durante la caída de tensión, los protocolos LVRT establecen que el GD inyecte corriente reactiva, por lo tanto, $I_p^+ = 0$ y $I_q^+ > 0$.

La Figura 16. (a), muestra el modelo de Thévenin (V_{abcTh}, Z_{Th}) de una fuente de tensión trifásica balanceada de tres hilos que alimenta una carga resistiva balanceada (R_{abc}). La impedancia Z_{Th} incluye los valores de impedancia de línea y también cualquier impedancia virtual incluida por el control de tensión V_{Th}. La resistencia R_{sc} emula un fallo línea a línea.

Aplicando el análisis nodal modificado (MNA), [129], a la Figura 16 (a), por ejemplo, con la herramienta Matlab© SCAM, es fácil derivar las corrientes de fase proporcionadas por la fuente de tensión cuando $R_{sc} \neq \infty$ o $R_a \neq R_b \neq R_c$:

$$\mathbf{i}_{abc} = \mathbf{Y_{abc}} \cdot \mathbf{V_{abcth}} \tag{76}$$

aplicando la transformación de Clarke a (76)

$$\mathbf{Y}_{\alpha\beta} = \mathbf{C} \cdot \mathbf{Y_{abc}} \cdot \mathbf{C}^{-1} \tag{77}$$

dónde

$$\mathbf{C} = \frac{1}{3}\begin{pmatrix} 2 & -1 & -1 \\ 0 & \sqrt{3} & \sqrt{3} \\ 1 & 1 & 1 \end{pmatrix}, \tag{78}$$

derivando el modelo de impedancia SRF:

$$\mathbf{V}_{\alpha\beta} = \mathbf{Z}_{\alpha\beta} \cdot \mathbf{i_{abc}}. \tag{79}$$

Debido a la presencia de la resistencia de cortocircuito R_{sc}, los canales SRF α y β se acoplan a través de $Z_{\alpha\beta}$ y $Z_{\beta\alpha}$ y también $Z_{\alpha\alpha} \neq Z_{\beta\beta}$. La Figura 16. (b) muestra el modelo SRF, el equivalente de Thévenin de un sistema equilibrado conectado a una carga desequilibrada. Para simplificar el análisis la carga se considera equilibrada $R_o = R_a = R_b = R_c$:

$$Z_{\alpha\beta} = \frac{R_o(R_o + 2R_{SC})}{2(2R_o + 2R_{SC})} \tag{80}$$

$$Z_{\alpha\beta} = Z_{\beta\alpha} = \frac{\sqrt{3}R_o^2}{2(2R_o + 2R_{SC})} \tag{81}$$

$$Z_{\beta\beta} = \frac{R_o(3R_o + 2R_{SC})}{2(2R_o + 2R_{SC})} \tag{82}$$

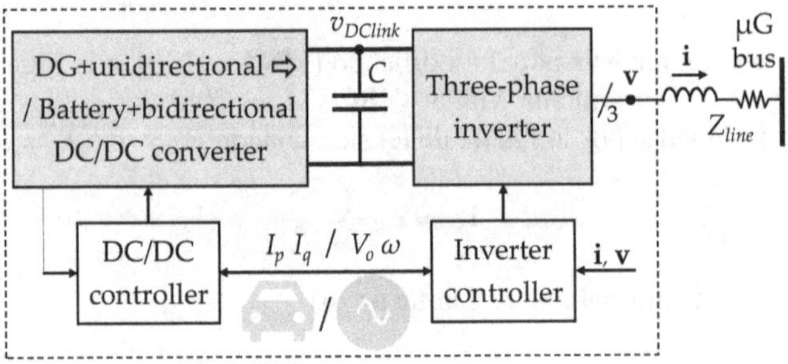

Figura 15: *Esquema generalizado de un GD o un VE conectado a un bus µG* [130]

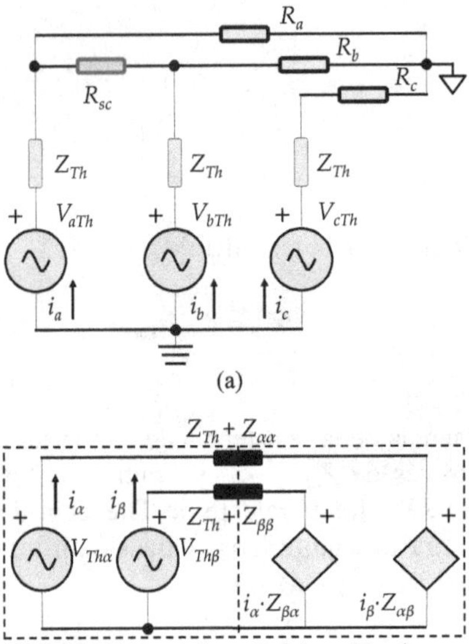

Figura 16: *(a) Fuente de tensión trifásica balanceada (V_{abcTh}, Z_{Th}) que alimenta una carga en estrella (R_a, R_b, R_c) bajo un cortocircuito línea a línea (R_{sc}). (b) Modelo de marco de referencia estacionario que muestra los términos de acoplamiento cruzado debido al cortocircuito* [130]

La Figura 17 muestra el diagrama SRF de una µG formada por un GD como fuente de tensión, que fija la tensión $V_{1\alpha\beta}$, alimentando una carga cortocircuitada (R_o = 24 Ω, R_{sc} = 2 Ω entre las líneas *a* y *b*) y cuatro VEs. Cuando aparece el cortocircuito, se utiliza una resistencia virtual R_v = 12 Ω para proteger al GD. En la impedancia Z_l (12,5 Ω), la resistencia virtual está incluida en la salida de GD. Los vehículos eléctricos (VE_2 a VE_5) en condiciones nominales se están cargando. Actúan como fuentes de corriente controladas $I_{2\alpha\beta}$ a $I_{5\alpha\beta}$ absorbiendo potencia activa. La µG trifásica se representa esquemáticamente utilizando los dos canales SRF, debido a que, como se explicó anteriormente, la presencia del cortocircuito desequilibra la carga y los canales se acoplan. El modelo de planta µG en el dominio de Laplace se puede expresar en forma matricial como:

$$\begin{bmatrix} i_{1\alpha} \\ i_{1\beta} \\ v_{2\alpha} \\ v_{2\beta} \\ \vdots \\ v_{5\alpha} \\ v_{5\beta} \end{bmatrix} = G(s) \cdot \begin{bmatrix} V_{1\alpha} \\ V_{1\beta} \\ I_{2\alpha} \\ I_{2\beta} \\ \vdots \\ I_{5\alpha} \\ I_{5\beta} \end{bmatrix} \tag{83}$$

donde *G(s)* es una matriz de 10 × 10 de funciones de transferencia con coeficientes reales que relacionan la tensión del GD $V_{1\alpha\beta}$ con su corriente de salida $i_{1\alpha\beta}$. Las corrientes de los VEs $I_{2\text{-}5\alpha\beta}$, con sus tensiones de salida $v_{2\text{-}5\alpha\beta}$, se obtiene con MNA-SCAM.

En un sistema balanceado, cada variable de salida del canal α, y_α depende solo del canal α y sus n entradas $X_{n\alpha}$, lo que supone que la mitad de las funciones de transferencia 10 x 10 en (79) son iguales a cero.

$$G_{12}(s) = 0 \text{ y } G_{21}(s) = 0;\ G_{14}(s) = 0 \text{ y } G_{23}(s) = 0;\ \ldots \tag{84}$$

y también aparece simetría entre funciones de transferencia distintas de cero.

$$G_{11}(s) = G_{22}(s);\ G_{13}(s) = G_{24}(s);\ \ldots \tag{85}$$

Sin embargo, en un sistema desequilibrado, las funciones de transferencia de 10 x 10 son diferentes de cero:

$$G_{11}(s) \neq G_{22}(s);\ G_{12}(s) \neq G_{21}(s);\ \ldots \tag{86}$$

como se ve en (80)-(82).

Para obtener un modelo compacto del sistema, teniendo en cuenta la propiedad de cuadratura de los componentes αβ, las tensiones y corrientes SRF en (79) se pueden representar como variables complejas:

$$v(t) = v_\alpha(t) + j \cdot v_\beta(t) \tag{87}$$

$$i(t) = i_\alpha(t) + j \cdot i_\beta(t) \tag{88}$$

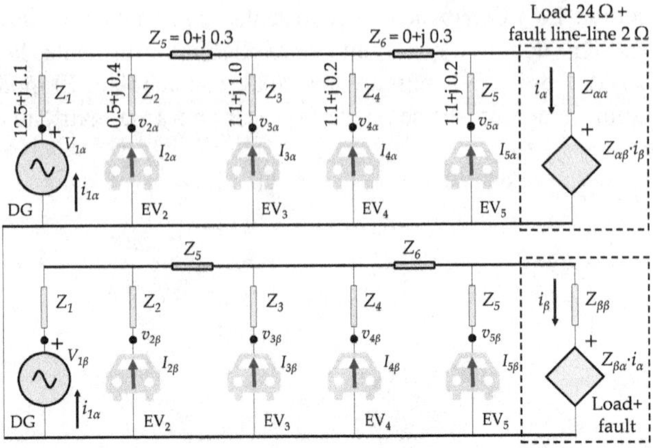

Figura 17: *Diagrama SRF acoplado de la μG ante un cortocircuito línea a línea* [130]

Representando (83) en el plano complejo, se obtienen dos funciones de transferencia complejas, G_s(s) simétrica y G_a(s) antisimétrica, que relacionan las variables complejas *i* y *v* en (87) y (88) con sus pares conjugados [129]:

$$\begin{bmatrix} i_1 \\ \overline{i_1} \\ v_2 \\ \overline{v_2} \\ \vdots \\ v_5 \\ \overline{v_5} \end{bmatrix} = \begin{bmatrix} G_{s11}(s) & G_{a11}(s) & \cdots & G_{s15}(s) & G_{a15}(s) \\ \overline{G_{a11}(s)} & \overline{G_{s11}(s)} & \cdots & \overline{G_{a15}(s)} & \overline{G_{s15}(s)} \\ \vdots & \vdots & \ddots & \vdots & \vdots \\ G_{s51}(s) & G_{a51}(s) & \cdots & G_{s55}(s) & G_{a55}(s) \\ \overline{G_{a51}(s)} & \overline{G_{s51}(s)} & \cdots & \overline{G_{a55}(s)} & \overline{G_{s55}(s)} \end{bmatrix} \cdot \begin{bmatrix} V_1 \\ \overline{V_1} \\ I_2 \\ \overline{I_2} \\ \vdots \\ I_5 \\ \overline{I_5} \end{bmatrix} \tag{89}$$

donde

$$G_{s11}(s) = \frac{G_{11}(s) + G_{22}(s)}{2} + j\frac{G_{21}(s) + G_{12}(s)}{2} \tag{90}$$

$$G_{a11}(s) = \frac{G_{11}(s) - G_{22}(s)}{2} + j\frac{G_{21}(s) - G_{12}(s)}{2}, \tag{91}$$

y lo mismo para las demás funciones de transferencia. Teniendo en cuenta que cada variable compleja contiene la suma de componentes de secuencia positiva

(v^+ i^+) y de secuencia negativa (v^- i^-), se puede obtener una matriz de 20 x 20 de funciones de transferencia complejas que modela completamente el sistema:

$$\begin{bmatrix} i_1^+ \\ i_1^- \\ \overline{i_1^+} \\ \overline{i_1^-} \\ \vdots \\ \overline{v_5^+} \\ \overline{v_5^-} \end{bmatrix} = \begin{bmatrix} G_{s11} & 0 & 0 & G_{a1a} & & 0 & G_{a15} \\ 0 & G_{s11} & G_{a11} & 0 & \cdots & G_{a15} & 0 \\ 0 & \overline{G_{a11}} & \overline{G_{s11}} & 0 & & 0 & \overline{G_{s15}} \\ \overline{G_{as11}} & 0 & 0 & G_{s51} & \ddots & 0 & \overline{G_{s15}} \\ 0 & \overline{G_{a11}} & \overline{G_{s51}} & 0 & & \overline{G_{s55}} & 0 \\ \overline{G_{a55}} & 0 & 0 & G_{s51} & \cdots & 0 & \overline{G_{s55}} \end{bmatrix} \cdot \begin{bmatrix} V_1^+ \\ V_1^- \\ \overline{V_1^+} \\ \overline{V_1^-} \\ \vdots \\ \overline{I_5^+} \\ \overline{I_5^-} \end{bmatrix} \qquad (92)$$

La lógica del modelo de planta de valores complejos dado por (90) se puede entender de la siguiente manera: la secuencia positiva de la corriente del GD i_1^+(s) depende de su tensión de secuencia positiva V_1^+(s), a través de la función de transferencia simétrica Gs_{11}(s), y también de la tensión de secuencia negativa conjugada $\overline{V_1^-}$, a través de la función de transferencia antisimétrica G_{a11}(s). Al hacer el conjugado, el componente de secuencia negativa V_1^- se convierte en un componente de secuencia positiva [129].

Una vez finalizado el modelado de la microrred, podemos concluir que la obtención del modelo de una microrred aislada es una herramienta de gran utilidad, que permite realizar simulaciones y diseñar controles, como se puede ver en el apartado 4 donde se presenta la contribución de la tesis doctoral número 2.

3 Contribución 1: Técnica de inyección de corrientes independientes por cada fase

La primera de las tres contribuciones que se presentan en esta tesis doctoral ha sido publicada en IEE Transactions on Industrial Electronics con el título "Voltage Support Provided by Three-Phase Three-Wire Inverters with Independent Reactive Phase-Current Injection" [131].

3.1 Introducción

El trabajo propuesto consiste en un control de inyección de corriente reactiva que reinterpreta la tensión de red, estableciendo una inyección de corriente reactiva independiente para cada una de las tensiones de fase (Figura 18). Por lo tanto, para un error de una sola línea, sólo una de las fases requerirá corriente reactiva, mientras que en las otras dos fases no perturbadas se continuará inyectando la mayor cantidad de corriente activa posible. Para fallos bifásicos, la corriente reactiva de cada fase puede ser diferente, dependiendo de los requisitos del código de red. Además, en caso de que una fase sufra una caída de tensión mientras que otra fase sufre una sobretensión, este trabajo establece que se debe inyectar corriente reactiva a la fase caída y, a la vez, se absorbe corriente reactiva en la fase que sufre la sobretensión, manteniendo la fase no perturbada sin soporte de corriente reactiva.

Para implementar una solución que tenga en cuenta las caídas y subidas de tensión simultáneamente, se requiere ampliar el protocolo de corriente reactiva, que se muestra en Figura 6, a la que se muestra en la Figura 18, donde se presenta una nueva área para tensiones altas por encima del valor nominal [132]. La inyección de corriente reactiva en la zona inferior es negativa, lo que significa que se requiere corriente reactiva retrasada. El significado físico de esta modificación es que, al absorber corriente reactiva en la fase que sufre una sobretensión, la tensión en esta fase se reducirá, evitando sobrepasar los límites máximos. En la Tabla II, se presentan todas las casuísticas posibles de inyección de corriente activa y reactiva, dependiendo del tipo de fallo en cada una de las fases.

El control para lograr la inyección de corriente reactiva independiente para cada fase, en un inversor de tres hilos, que se muestra en la Figura 18, es la principal aportación del trabajo propuesto. La propuesta de control permite un mejor servicio de soporte de voltaje para centrales eléctricas basadas en inversores y está bien alineado con las necesidades de los sistemas de GD.

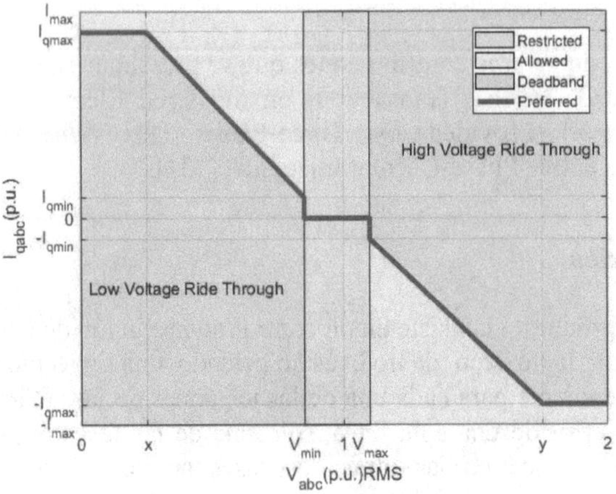

Figura 18: *Inyección de corriente reactiva basada en una nueva interpretación del código de red*

La solución formulada se muestra en el diagrama de bloques de la Figura 19. El bloque de la izquierda muestra el cálculo de la corriente reactiva en cada fase, en base a los requisitos del código de red de la Figura 18. El bloque derecho presenta el control propuesto, que obtiene los valores de referencia de las secuencias positiva y negativa de las potencias activas y reactiva, a partir de la potencia activa generada P_G por la fuente del sistema de GD. El diagrama muestra también la necesidad de limitar la corriente inyectada por debajo de la corriente nominal máxima del inversor I_{max}, para su protección. Este hecho se consigue con la inclusión de un limitador de corriente máxima en el control, para limitar la potencia activa, si se supera la corriente nominal del inversor.

Dependiendo del tipo de fallo, es posible que se inyecte en las fases con fallo tanto corriente activa como reactiva. Sin embargo, para las fases que funcionan correctamente, solo se inyecta corriente activa. De este modo, se aprovecha al máximo la capacidad de potencia activa de la fuente y se evita cualquier variación de tensión en las fases sin fallo.

Como se ha visto en el estado del arte, existen varios trabajos relacionados con la inyección de corriente reactiva para corregir fallos en la red tales como soporte de tensión, limitador de corriente de pico, calidad de la tensión en el DC-Link, entre otros. Sin embargo, al seleccionar cualquier estrategia de control de inyección de corriente reactiva, estos trabajos no han tenido en cuenta el punto de vista del operador del sistema, que demanda inyectar una cantidad diferente de corriente reactiva, en función de la afectación de la tensión de fase. El único trabajo que propone este interesante objetivo es [35].

TABLA II
INYECCIÓN DE CORREIENTES ACTIVAS Y REACTIVAS INDEPENDIENTES POR CADA, FASE, DEPENDIENDO DEL TIPO DE FALLO

	Ip_a	Ip_b	Ip_c	Iq_a	Iq_b	Iq_c
$V_a < 1$ p.u $V_b = 1$ p.u $V_c = 1$ p.u	> 0 A	Max.	Max.	> 0 A	0 A	0 A
$V_a < 1$ p.u $V_b < 1$ p.u $V_c = 1$ p.u	> 0 A	> 0 A	Max.	> 0 A	> 0 A	0 A
$V_a < 1$ p.u $V_b < 1$ p.u $V_c < 1$ p.u	> 0 A	> 0 A	> 0 A	> 0 A	> 0 A	> 0 A
$V_a > 1$ p.u $V_b = 1$ p.u $V_c = 1$ p.u	> 0 A	Max.	Max.	< 0 A	0 A	0 A
$V_a > 1$ p.u $V_b > 1$ p.u $V_c = 1$ p.u	> 0 A	> 0 A	Max.	< 0 A	< 0 A	0 A
$V_a > 1$ p.u $V_b > 1$ p.u $V_c > 1$ p.u	> 0 A	> 0 A	> 0 A	< 0 A	< 0 A	< 0 A
$V_a > 1$ p.u $V_b = 1$ p.u $V_c < 1$ p.u	> 0 A	Max.	> 0 A	< 0 A	0 A	> 0 A

El punto de partida de [35] y el de la presente tesis doctoral es el mismo, aunque el procedimiento para construir las corrientes de referencia es totalmente diferente. Al igual que en [35], este trabajo elimina explícitamente la secuencia cero de las corrientes de referencia, suponiendo que la aplicación de destino es en un cable de tres hilos sin secuencia cero. Sin embargo, a diferencia de [35], el trabajo propuesto a continuación presenta una solución matemática que incluye las corrientes reactivas requeridas y la potencia activa generada en los valores de referencia de potencia activa y de potencia reactiva, de secuencia positiva y negativa, para un inversor de tres hilos en condiciones de desequilibrio de la red.

Además, el trabajo propuesto aquí puede hacer frente tanto a las caídas de tensión como a las sobretensiones simultáneamente, lo que no se aborda en [35].

En resumen, principalmente, el presente trabajo propone un método alternativo de control RCI basado en secuencias simétricas, con una formulación matemática cerrada, capaz de regular de forma independiente tanto la inyección de corrientes reactivas como las corrientes activas, reduciendo la potencia activa cuando sea necesario, que se aplica a las plantas de GD de alta potencia, mejorando la operación de inversores de potencia durante fallos en la red.

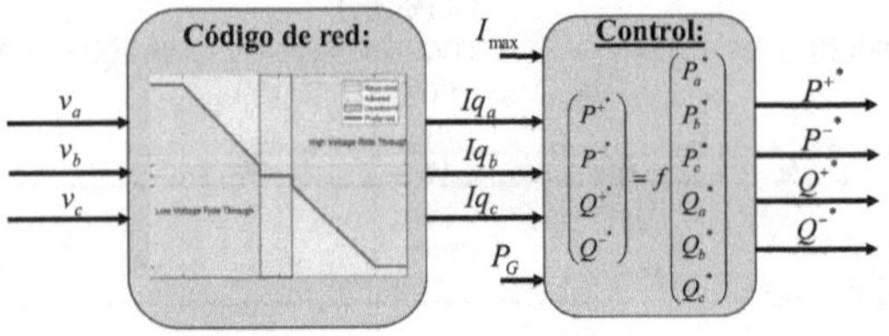

Figura 19: *Diagrama de bloques del control propuesto*

3.2 Desarrollo matemático

Un sistema trifásico desbalanceado se puede representar por su equivalente en coordenadas α-β. Además, son valores reales en lugar de los valores complejos que representan a los fasores, requisito que deben cumplir las variables de control. Al mismo tiempo, la inyección de corrientes en las fases permite obtener controles más precisos e independientes de las variaciones de parámetros (control robusto), así como la posibilidad de controlar sobrecargas. Por estos motivos, en la mayoría de los casos, se utilizan controles de la inyección de corrientes en αβ [133]. La inyección de corrientes independientes por cada fase se puede realizar mediante la transformación a coordenadas αβ. Este paso implica disponer y controlar un sistema trifásico desbalanceado. Se necesita, por lo tanto, una expresión que relacione las corrientes en el marco αβ con las corrientes en cada fase. Para obtener esta expresión, se tiene en cuenta el teorema de Fortescue que permite descomponer un sistema trifásico desbalanceado en tres sistemas balanceados: una secuencia positiva y otra negativa, más una secuencia cero. La secuencia cero se considera nula en un sistema de tres hilos por la imposibilidad de que circule corriente por el neutro.

La expresión para un sistema equilibrado, que relaciona las corrientes en αβ con las potencias activa y reactiva y las tensiones, es:

$$\begin{bmatrix} i_\alpha \\ i_\beta \end{bmatrix} = \frac{2}{3}\frac{1}{v_\alpha^2 + v_\beta^2}\begin{bmatrix} v_\alpha & v_\beta \\ v_\beta & -v_\alpha \end{bmatrix}\begin{bmatrix} P \\ Q \end{bmatrix}, \tag{93}$$

es posible aplicar esta expresión a la secuencias positiva:

$$i_\alpha^+ = \frac{2}{3}\frac{v_\alpha^+}{(V^+)^2}P^+ + \frac{2}{3}\frac{v_\beta^+}{(V^+)^2}Q^+ \tag{94}$$

$$i_\beta^+ = \frac{2}{3}\frac{v_\beta^+}{(V^+)^2}P^+ - \frac{2}{3}\frac{v_\alpha^+}{(V^+)^2}Q^+ \tag{95}$$

y a la secuencia negativa:

$$i_\alpha^- = \frac{2}{3}\frac{v_\alpha^-}{(V^-)^2}P^- + \frac{2}{3}\frac{v_\beta^-}{(V^-)^2}Q^- \tag{96}$$

$$i_\beta^- = \frac{2}{3}\frac{v_\beta^-}{(V^-)^2}P^- - \frac{2}{3}\frac{v_\alpha^-}{(V^-)^2}Q^- . \tag{97}$$

Y, teniendo en cuenta que las corrientes transformadas αβ se componen sumando sus equivalentes de las secuencias positiva y negativa, se obtienen las expresiones de las corrientes en el marco αβ, dependientes de las tensiones y de las potencias activa y reactiva de las secuencias positiva y negativa. Estas expresiones se utilizan para obtener las corrientes de referencia αβ en un control de corrientes independientes por cada fase, a las que corresponderán potencias activas y reactivas de referencia. Asimismo, las expresiones se podrán descomponer en la suma de las potencias de las secuencias positiva y negativa:

$$i_\alpha^* = \frac{2}{3}\frac{v_\alpha^+}{(V^+)^2}P^{+^*} + \frac{2}{3}\frac{v_\beta^+}{(V^+)^2}Q^{+^*} + \frac{2}{3}\frac{v_\alpha^-}{(V^-)^2}P^{-^*} + \frac{2}{3}\frac{v_\beta^-}{(V^-)^2}Q^{-^*} \tag{98}$$

$$i_\beta^* = \frac{2}{3}\frac{v_\beta^+}{(V^+)^2}P^{+^*} - \frac{2}{3}\frac{v_\alpha^+}{(V^+)^2}Q^{+^*} + \frac{2}{3}\frac{v_\beta^-}{(V^-)^2}P^{-^*} - \frac{2}{3}\frac{v_\alpha^-}{(V^-)^2}Q^{-^*} \tag{99}$$

$$P = P^+ + P^- \tag{100}$$

$$Q = Q^+ + Q^- . \tag{101}$$

Operando (96)-(99) y expresándolo de forma matricial se obtiene:

$$\begin{bmatrix} i_\alpha^* \\ i_\beta^* \end{bmatrix} = \frac{2}{3}\mathbf{B}\begin{bmatrix} P^{+^*} \\ Q^{+^*} \end{bmatrix} + \frac{2}{3}\mathbf{C}\begin{bmatrix} P^* \\ Q^* \end{bmatrix}. \tag{102}$$

Donde:

$$\mathbf{B} = \begin{bmatrix} \left(\frac{v_\alpha^+}{(V^+)^2} - \frac{v_\alpha^-}{(V^-)^2}\right) & \left(\frac{v_\beta^+}{(V^+)^2} - \frac{v_\beta^-}{(V^-)^2}\right) \\ \left(\frac{v_\beta^+}{(V^+)^2} - \frac{v_\beta^-}{(V^-)^2}\right) & -\left(\frac{v_\alpha^+}{(V^+)^2} - \frac{v_\alpha^-}{(V^-)^2}\right) \end{bmatrix}, \tag{103}$$

y

$$\mathbf{C}=\begin{bmatrix} \frac{v_\alpha^-}{(V^-)^2} & \frac{v_\beta^-}{(V^-)^2} \\ \frac{v_\beta^-}{(V^-)^2} & -\frac{v_\alpha^-}{(V^-)^2} \end{bmatrix}. \tag{104}$$

Las corrientes de referencia (98) y (99) se aplican al control en lazo de corriente, comparándose con las corrientes medidas y transformadas al plano αβ.

La representación funcional de este control, válido para un sistema trifásico desbalanceado, se muestra en la Figura 20. De forma que será posible inyectar, por cada fase, sólo potencia activa o inyectar-absorber sólo potencia reactiva para el control de los huecos de tensión o sobretensiones, o la combinación de ambas, en distintas fases. Las tensiones medidas en cada fase muestran el estado de normalidad o de fallo. Las secuencias positiva y negativa en el plano αβ se obtienen a partir de (54) y (56) y el sistema trifásico de corrientes sensado se transforma al plano αβ mediante la transformada de Clarke (23).

Como ya se ha comentado, el objetivo de control es trabajar individualmente para cada fase. Por consiguiente, se buscan las referencias de P^+, P^-, Q^+ y Q^- que dependan de la potencia activa y reactiva de cada una de las fases, P_a, P_b, P_c, Q_a, Q_b y Q_c.

Se tiene en cuenta la definición de potencia aparente de fase [134], que es:

$$S_{abc}=\vec{V}_{abc}\cdot\overline{\vec{I}_{abc}}=P_{abc}+jQ_{abc} \tag{105}$$

donde $\vec{V}_{abc}$ es el fasor tensión y $\overline{\vec{I}_{abc}}$ es el conjugado del fasor corriente en las fases a, b y c.

Aplicando las secuencias positiva y negativa a la potencia aparente tenemos:

$$S_{abc}=\vec{V}_{abc}\cdot\overline{\vec{I}_{abc}}=\left(\vec{V}_{abc}^{+}+\vec{V}_{abc}^{-}\right)\left(\overline{\vec{I}_{abc}^{+}}+\overline{\vec{I}_{abc}^{-}}\right). \tag{106}$$

Operando, tenemos:

$$S_{abc}=P_{abc}+jQ_{abc}=\vec{V}_{abc}^{+}\cdot\overline{\vec{I}_{abc}^{+}}+\vec{V}_{abc}^{+}\cdot\overline{\vec{I}_{abc}^{-}}+\vec{V}_{abc}^{-}\cdot\overline{\vec{I}_{abc}^{+}}+\vec{V}_{abc}^{-}\cdot\overline{\vec{I}_{abc}^{-}}. \tag{107}$$

Teniendo en cuenta que para la secuencia positiva y negativa se cumple

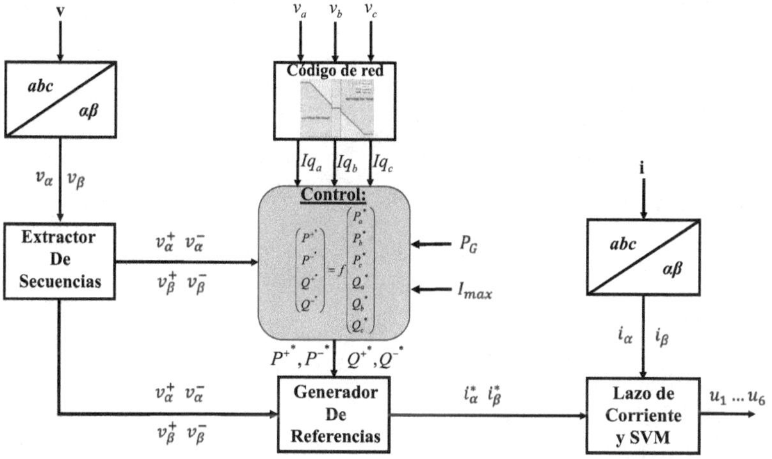

Figura 20: *Diagrama de bloques del control de corrientes para potencias distintas por cada fase.*

$$\vec{V}_{abc}^{+} \cdot \overline{\vec{I}_{abc}^{+}} = \frac{P^{+} + jQ^{+}}{3} \tag{108}$$

$$\vec{V}_{abc}^{-} \cdot \overline{\vec{I}_{abc}^{-}} = \frac{P^{-} + jQ^{-}}{3} \tag{109}$$

y sustituyendo (108) y (109) en (107), tenemos:

$$P_{abc} + jQ_{abc} = \frac{P^{+} + jQ^{+}}{3} + \vec{V}_{abc}^{+} \cdot \overline{\vec{I}_{abc}^{-}} + \vec{V}_{abc}^{-} \cdot \overline{\vec{I}_{abc}^{+}} + \frac{P^{-} + jQ^{-}}{3} \tag{110}$$

Expresando el fasor tensión de secuencia positiva y negativa de la fase *a* $\vec{V}_a^{+}$ y $\vec{V}_a^{-}$ de forma exponencial, se obtiene:

$$\vec{V}_a^{+} = V^{+} e^{j0} \tag{111}$$

$$\vec{V}_a^{-} = V^{-} e^{j\varphi}\,. \tag{112}$$

Dividiendo (112) entre (111), se tiene:

$$\frac{\vec{V}_a^{-}}{\vec{V}_a^{+}} = \frac{V^{-} e^{j\varphi}}{V^{+} e^{j0}} \tag{113}$$

y despejando

$$\vec{V}_a^+ = \vec{V}_a^- \frac{V^+}{V^-} e^{-j\varphi} \tag{114}$$

$$\vec{V}_a^- = \vec{V}_a^+ \frac{V^-}{V^+} e^{j\varphi}. \tag{115}$$

Para la fase *b*

$$\vec{V}_b^+ = \vec{V}_b^- \frac{V^+}{V^-} e^{-j\left(\varphi - \frac{2\pi}{3}\right)} \tag{116}$$

$$\vec{V}_b^- = \vec{V}_b^+ \frac{V^-}{V^+} e^{j\left(\varphi - \frac{2\pi}{3}\right)} \tag{117}$$

y para la fase *c*

$$\vec{V}_c^+ = \vec{V}_c^- \frac{V^+}{V^-} e^{-j\left(\varphi + \frac{2\pi}{3}\right)} \tag{118}$$

$$\vec{V}_c^- = \vec{V}_c^+ \frac{V^-}{V^+} e^{j\left(\varphi + \frac{2\pi}{3}\right)}. \tag{119}$$

Sustituyendo (114) y (115) en (110), para la fase *a* se obtiene

$$P_a + jQ_a = \frac{P^+ + jQ^+}{3} + \vec{V}_a^- \frac{V^+}{V^-} e^{-j\varphi} \cdot \overline{\vec{I}_a^-} + \vec{V}_a^+ \frac{V^-}{V^+} e^{j\varphi} \cdot \overline{\vec{I}_a^+} + \frac{P^- + jQ^-}{3}, \tag{120}$$

sustituyendo (116) y (117) en (110) para la fase *b* se obtiene

$$P_b + jQ_b = \frac{P^+ + jQ^+}{3} + \vec{V}_b^- \frac{V^+}{V^-} e^{-j\left(\varphi - \frac{2\pi}{3}\right)} \cdot \overline{\vec{I}_b^-} + \vec{V}_b^+ \frac{V^-}{V^+} e^{j\left(\varphi - \frac{2\pi}{3}\right)} \cdot \overline{\vec{I}_b^+} + \frac{P^- + jQ^-}{3} \tag{121}$$

y sustituyendo (118) y (119) en (110) para la fase *c* se obtiene

$$P_c + jQ_c = \frac{P^+ + jQ^+}{3} + \vec{V}_c^- \frac{V^+}{V^-} e^{-j\left(\varphi + \frac{2\pi}{3}\right)} \cdot \overline{\vec{I}_c^-} + \vec{V}_c^+ \frac{V^-}{V^+} e^{-j\left(\varphi + \frac{2\pi}{3}\right)} \cdot \overline{\vec{I}_c^+} + \frac{P^- + jQ^-}{3} \tag{122}$$

Teniendo en cuenta el teorema de Euler para números complejos

$$e^{-j\theta} = \cos\theta - j\sin\theta \tag{123}$$

$$e^{j\theta} = \cos\theta + j\sin\theta \tag{124}$$

y sustituyendo (123) y (124) en (120), (121) y (122), tenemos:

$$P_a + jQ_a = \frac{P^+ + jQ^+}{3} + \vec{V}_a^- \cdot \overline{\vec{I}_a^-} \frac{V^+}{V^-}(\cos\varphi - j\sin\varphi) + \vec{V}_a^+ \cdot \overline{\vec{I}_a^+} \frac{V^-}{V^+}(\cos\varphi + j\sin\varphi) + \frac{P^- + jQ^-}{3} \tag{125}$$

$$\begin{aligned} P_b + jQ_b = {} & \frac{P^+ + jQ^+}{3} + \vec{V}_b^- \cdot \overline{\vec{I}_b^-} \frac{V^+}{V^-}\left(\cos\left(\varphi - \frac{2\pi}{3}\right) - j\sin\left(\varphi - \frac{2\pi}{3}\right)\right) + \\ & + \vec{V}_b^+ \cdot \overline{\vec{I}_b^+} \frac{V^-}{V^+}\left(\cos\left(\varphi - \frac{2\pi}{3}\right) + j\sin\left(\varphi - \frac{2\pi}{3}\right)\right) + \frac{P^- + jQ^-}{3} \end{aligned} \tag{126}$$

$$\begin{aligned} P_c + jQ_c = {} & \frac{P^+ + jQ^+}{3} + \vec{V}_c^- \cdot \overline{\vec{I}_c^-} \frac{V^+}{V^-}\left(\cos\left(\varphi + \frac{2\pi}{3}\right) - j\sin\left(\varphi + \frac{2\pi}{3}\right)\right) + \\ & + \vec{V}_c^+ \cdot \overline{\vec{I}_c^+} \frac{V^-}{V^+}\left(\cos\left(\varphi + \frac{2\pi}{3}\right) + j\sin\left(\varphi + \frac{2\pi}{3}\right)\right) + \frac{P^- + jQ^-}{3} \end{aligned} \tag{127}$$

Sustituyendo (108) y (109) en (125), (126) y (127), tenemos:

$$\begin{aligned} P_a + jQ_a = {} & \frac{P^+ + jQ^+}{3} + \frac{P^- + jQ^-}{3} \cdot \frac{V^+}{V^-}(\cos\varphi - j\sin\varphi) + \\ & + \frac{P^+ + jQ^+}{3} \cdot \frac{V^-}{V^+}(\cos\varphi + j\sin\varphi) + \frac{P^- + jQ^-}{3} \end{aligned} \tag{128}$$

$$\begin{aligned} P_b + jQ_b = {} & \frac{P^+ + jQ^+}{3} + \frac{P^- + jQ^-}{3} \cdot \frac{V^+}{V^-}\left(\cos\left(\varphi - \frac{2\pi}{3}\right) - j\sin\left(\varphi - \frac{2\pi}{3}\right)\right) + \\ & + \frac{P^+ + jQ^+}{3} \cdot \frac{V^-}{V^+}\left(\cos\left(\varphi - \frac{2\pi}{3}\right) + j\sin\left(\varphi - \frac{2\pi}{3}\right)\right) + \frac{P^- + jQ^-}{3} \end{aligned} \tag{129}$$

$$\begin{aligned} P_c + jQ_c = {} & \frac{P^+ + jQ^+}{3} + \frac{P^- + jQ^-}{3} \cdot \frac{V^+}{V^-}\left(\cos\left(\varphi + \frac{2\pi}{3}\right) - j\sin\left(\varphi + \frac{2\pi}{3}\right)\right) + \\ & + \frac{P^+ + jQ^+}{3} \cdot \frac{V^-}{V^+}\left(\cos\left(\varphi + \frac{2\pi}{3}\right) + j\sin\left(\varphi + \frac{2\pi}{3}\right)\right) + \frac{P^- + jQ^-}{3} \end{aligned} \tag{130}$$

Y agrupando parte real y parte imaginaria:

$$P_a + jQ_a = \frac{1}{3}\left(P^+ + P^- \frac{V^+}{V^-}\cos\varphi + Q^- \frac{V^+}{V^-}\sin\varphi + P^+ \frac{V^-}{V^+}\cos\varphi - Q^+ \frac{V^-}{V^+}\sin\varphi + P^- \right) + \\ + j\frac{1}{3}\left(Q^+ - P^- \frac{V^+}{V^-}\sin\varphi + Q^- \frac{V^+}{V^-}\cos\varphi + P^+ \frac{V^-}{V^+}\sin\varphi + Q^+ \frac{V^-}{V^+}\cos\varphi + Q^- \right) \tag{131}$$

$$P_b + jQ_b = \frac{1}{3}\begin{pmatrix} P^+ + P^- \frac{V^+}{V^-}\cos\left(\varphi - \frac{2\pi}{3}\right) + Q^- \frac{V^+}{V^-}\sin\left(\varphi - \frac{2\pi}{3}\right) + \\ + P^+ \frac{V^-}{V^+}\cos\left(\varphi - \frac{2\pi}{3}\right) - Q^+ \frac{V^-}{V^+}\sin\left(\varphi - \frac{2\pi}{3}\right) + P^- \end{pmatrix} + \\ + j\frac{1}{3}\left(Q^+ - P^- \frac{V^+}{V^-}\sin\left(\varphi - \frac{2\pi}{3}\right) + Q^- \frac{V^+}{V^-}\cos\left(\varphi - \frac{2\pi}{3}\right) + P^+ \frac{V^-}{V^+}\sin\left(\varphi - \frac{2\pi}{3}\right) + Q^+ \frac{V^-}{V^+}\cos\left(\varphi - \frac{2\pi}{3}\right) + Q^- \right) \tag{132}$$

$$P_c + jQ_c = \frac{1}{3}\begin{pmatrix} P^+ + P^- \frac{V^+}{V^-}\cos\left(\varphi + \frac{2\pi}{3}\right) + Q^- \frac{V^+}{V^-}\sin\left(\varphi + \frac{2\pi}{3}\right) + \\ + P^+ \frac{V^-}{V^+}\cos\left(\varphi + \frac{2\pi}{3}\right) - Q^+ \frac{V^-}{V^+}\sin\left(\varphi + \frac{2\pi}{3}\right) + P^- \end{pmatrix} + \\ + j\frac{1}{3}\left(Q^+ - P^- \frac{V^+}{V^-}\sin\left(\varphi + \frac{2\pi}{3}\right) + Q^- \frac{V^+}{V^-}\cos\left(\varphi + \frac{2\pi}{3}\right) + P^+ \frac{V^-}{V^+}\sin\left(\varphi + \frac{2\pi}{3}\right) + Q^+ \frac{V^-}{V^+}\cos\left(\varphi + \frac{2\pi}{3}\right) + Q^- \right) \tag{133}$$

Igualando parte real (*P*) y parte imaginaria (*Q*), obtenemos las ecuaciones de referencias:

$$P_a^* = \frac{P^{+^*} + P^{-^*}}{3} + \frac{1}{3}\left(P^{+^*} \frac{V^-}{V^+} + P^{-^*} \frac{V^+}{V^-} \right)\cos\varphi + \frac{1}{3}\left(-Q^{+^*} \frac{V^-}{V^+} + Q^{-^*} \frac{V^+}{V^-} \right)\sin\varphi \tag{134}$$

$$P_b^* = \frac{P^{+^*} + P^{-^*}}{3} + \frac{1}{3}\left(P^{+^*} \frac{V^-}{V^+} + P^{-^*} \frac{V^+}{V^-} \right)\cos\left(\varphi - \frac{2\pi}{3}\right) + \frac{1}{3}\left(-Q^{+^*} \frac{V^-}{V^+} + Q^{-^*} \frac{V^+}{V^-} \right)\sin\left(\varphi - \frac{2\pi}{3}\right) \tag{135}$$

$$P_c^* = \frac{P^{+^*} + P^{-^*}}{3} + \frac{1}{3}\left(P^{+^*} \frac{V^-}{V^+} + P^{-^*} \frac{V^+}{V^-} \right)\cos\left(\varphi + \frac{2\pi}{3}\right) + \frac{1}{3}\left(-Q^{+^*} \frac{V^-}{V^+} + Q^{-^*} \frac{V^+}{V^-} \right)\sin\left(\varphi + \frac{2\pi}{3}\right) \tag{136}$$

$$Q_a^* = \frac{Q^{+^*} + Q^{-^*}}{3} + \frac{1}{3}\left(Q^{+^*} \frac{V^-}{V^+} + Q^{-^*} \frac{V^+}{V^-} \right)\cos\varphi + \frac{1}{3}\left(P^{+^*} \frac{V^-}{V^+} - P^{-^*} \frac{V^+}{V^-} \right)\sin\varphi \tag{137}$$

$$Q_b^* = \frac{Q^{+^*} + Q^{-^*}}{3} + \frac{1}{3}\left(Q^{+^*}\frac{V^-}{V^+} + Q^{-^*}\frac{V^+}{V^-}\right)\cos\left(\varphi - \frac{2\pi}{3}\right) + \frac{1}{3}\left(P^{+^*}\frac{V^-}{V^+} - P^{-^*}\frac{V^+}{V^-}\right)\sin\left(\varphi - \frac{2\pi}{3}\right) \quad (138)$$

$$Q_c^* = \frac{Q^{+^*} + Q^{-^*}}{3} + \frac{1}{3}\left(Q^{+^*}\frac{V^-}{V^+} + Q^{-^*}\frac{V^+}{V^-}\right)\cos\left(\varphi + \frac{2\pi}{3}\right) + \frac{1}{3}\left(P^{+^*}\frac{V^-}{V^+} - P^{-^*}\frac{V^+}{V^-}\right)\sin\left(\varphi + \frac{2\pi}{3}\right) \quad (139)$$

Finalmente, resolviendo las ecuaciones (132)-(137), obtenemos los valores de referencia de las secuencias positiva y negativa de las potencias activa y reactiva.

$$P^{+^*} = P_G\frac{3\left(\frac{(V^+)^2}{(V^-)^2} - 1\right)\cos 2\varphi}{\Delta} + \left(P_b^* - P_c^*\right)\frac{3\sqrt{3}\left(\frac{V^+}{V^-} - \frac{V^-}{V^+}\right)\sin\varphi}{\Delta} - \left(Q_b^* - Q_c^*\right)\frac{3\sqrt{3}\left(\frac{V^+}{V^-}\cos\varphi - \frac{V^-}{V^+}\sin\varphi\right)}{\Delta} \quad (140)$$

$$P^{-^*} = P_G\frac{3\left(\left(\frac{V^+}{V^-}\right)^2 - 1\right)\sin^2\varphi - 3\left(\left(\frac{V^-}{V^+}\right)^2 - 1\right)\cos^2\varphi}{\Delta} - \left(P_b^* - P_c^*\right)\frac{3\sqrt{3}\left(\frac{V^+}{V^-} - \frac{V^-}{V^+}\right)\sin\varphi}{\Delta} + \left(Q_b^* - Q_c^*\right)\frac{3\sqrt{3}\left(\frac{V^+}{V^-} - \frac{V^-}{V^+}\right)\cos\varphi}{\Delta} \quad (141)$$

$$Q^{+^*} = Q^*\frac{3\left(\left(\frac{V^+}{V^-}\right)^2\cos 2\varphi + 1\right)}{\Delta} + \left(Q_b^* - Q_c^*\right)\frac{3\sqrt{3}\left(\frac{V^+}{V^-} - \frac{V^-}{V^+}\right)\sin\varphi}{\Delta} - \left(P_b^* - P_c^*\right)\frac{3\sqrt{3}\left(\frac{V^-}{V^+}\right)(\sin\varphi + \cos\varphi)}{\Delta} \quad (142)$$

$$Q^{-^*} = Q^*\frac{3\left(1 - \left(\frac{V^-}{V^+}\right)^2\right)\sin^2\varphi - 3\left(1 + \left(\frac{V^-}{V^+}\right)^2\right)\cos^2\varphi}{\Delta} + \left(P_b^* - P_c^*\right)\frac{3\sqrt{3}\left(\frac{V^-}{V^+} + \frac{V^+}{V^-}\right)\cos\varphi}{\Delta} + \left(Q_b^* - Q_c^*\right)\frac{3\sqrt{3}\left(\frac{V^-}{V^+} - \frac{V^+}{V^-}\right)\sin\varphi}{\Delta} \quad (143)$$

donde

$$\Delta = 3\left(\frac{V^+}{V^-}\right)^2\cos 2\varphi - 3\left(\frac{V^-}{V^+}\right)^2 + 3\sin\varphi(\sin\varphi - \cos\varphi) + 3 \quad (144)$$

siendo

$$P_a^* = \frac{1}{2} V_a I_{pa}^* \tag{145}$$

$$P_b^* = \frac{1}{2} V_b I_{pb}^* \tag{146}$$

$$P_c^* = \frac{1}{2} V_c I_{pc}^* \tag{147}$$

$$P_G = P_a^* + P_b^* + P_c^* \tag{148}$$

$$Q_a^* = \frac{1}{2} V_a I_{qa}^* \tag{149}$$

$$Q_b^* = \frac{1}{2} V_b I_{qb}^* \tag{150}$$

$$Q_c^* = \frac{1}{2} V_c I_{qc}^* \tag{151}$$

$$Q^* = Q_a^* + Q_b^* + Q_c^* \tag{152}$$

$$I_{qabc} = \begin{cases} I_{q\max} & \text{p.u.} \quad \text{if } 0.00 \le V_{abc} \le x \text{ p.u.} \\ -k_{11} V_{abc} + k_{21} & \text{p.u.} \quad \text{if } \mathrm{x} < V_{abc} \le V_{\min} \text{ p.u.} \\ 0 & \text{p.u.} \quad \text{if } V_{\min} < V_{abc} \le V_{\max} \text{ p.u.} \\ -k_{12} V_{abc} + k_{22} & \text{p.u.} \quad \text{if } V_{\max} < V_{abc} \le y \text{ p.u.} \\ -I_{q\max} & \text{p.u.} \quad \text{if } \mathrm{y} \le V_{abc} \le 2 \text{ p.u.} \end{cases} \tag{153}$$

De esta manera, se cumple con el objetivo marcado de controlar cada una de las fases de manera independiente ya que las ecuaciones de referencia P^{+*}, P^{-*}, Q^{+*} y Q^{-*} dependen de los valores de referencia de cada una de las fases P_a^*, P_b^*, P_c^*, Q_a^*, Q_b^* y Q_c^* y donde I_{qabc}^* viene fijada por la nueva interpretación del código de red de la figura 21. Cabe destacar que se ha encontrado una formulación matemática cerrada que permite expresar las potencias de referencia de secuencia positiva y negativa en función de la potencia generada (P_G), las características de la tensión leída (V^+, V^- y φ) y los requisitos del código de red (I_{qa}^*, I_{qb}^* e I_{qc}^*). Se insiste en que ésta es la mayor contribución matemática de este estudio.

3.3 Limitador de pico de corriente

Finalmente, se requiere un limitador de pico de corriente para proteger al inversor durante un fallo en la red. Entre las alternativas existentes, el control propuesto se implementa fácilmente de forma recursiva y también requiere bajos recursos computacionales. La propuesta se basa en la reducción de la potencia activa generada P_G, en caso de que cualquiera de las amplitudes de las corrientes de fase medidas supere un valor de seguridad predefinido I_{max}. La cantidad total de potencia activa será:

$$P[k+1] = \min\left(P_G[k], \frac{I_{\max}[k]}{\max(I_a[k], I_b[k], I_c[k])} P[k] \right), \tag{154}$$

donde k es la variable discreta que corresponde al ciclo de reloj actual y $P_G[k]$, a la potencia activa generada por la fuente. $P[k+1]$ es la potencia activa total que se inyecta a la red. Se usa en (140)-(143) y se actualizará en el siguiente ciclo de reloj. La selección de $P[k]$ en (154) dentro del lazo de control permite reducir la potencia activa total inyectada sin dejar de garantizar la inyección de I_{qa}, I_{qb} e I_{qc}, dando lugar a un control que prioriza las corrientes reactivas sobre la potencia activa, como establecen los códigos de red. También es necesario calcular la amplitud de las corrientes de fase inyectadas I_{pa}, I_{pb} e I_{pc} con una función de raíz cuadrática media:

$$I_{pa}^{*} = \sqrt{I_{\max}^2 - I_{qa}^{*\,2}} \tag{155}$$

$$I_{pb}^{*} = \sqrt{I_{\max}^2 - I_{qb}^{*\,2}} \tag{156}$$

$$I_{pc}^{*} = \sqrt{I_{\max}^2 - I_{qc}^{*\,2}} \tag{157}$$

Hay que tener en cuenta que, en un sistema desbalanceado, solo la corriente que tiene la mayor amplitud cumplirá una de estas ecuaciones ya que su corriente de pico será I_{max}. Las corrientes de las otras dos fases tienen menor amplitud de pico y su corriente será inferior a I_{max}, por lo que las ecuaciones no se ejecutarán. Esta comprobación, así como el cálculo correspondiente, se realiza cada ciclo de reloj.

3.4 Análisis de estabilidad

La Figura 21 muestra el diagrama de bloques del sistema de control en lazo cerrado. Incluye cuatro bloques estándar y el bloque de control propuesto. Este análisis supone que el circuito de control interno no tiene error de seguimiento y es estable. Para lograr estas características, este bucle de control debe diseñarse correctamente [135].

La estabilidad del lazo de control propuesto se lleva a cabo utilizando el teorema de pequeña ganancia [136]. Basado en el criterio de Nyquist, se establece que, como condición para la estabilidad, la ganancia de la señal que pasa por el lazo sea inferior a 1 para todas las frecuencias [137]. En la Figura 21, el bloque de sensado y procesado incluye un extractor de secuencias que se comporta como un filtro de paso banda de segundo orden altamente selectivo centrado en la frecuencia de red ω_0 [138], [139]. Debido a la alta atenuación introducida por este filtro fuera de su banda de paso, la ganancia de lazo más alta se obtiene en ω_0, Por lo tanto, la peor condición para el análisis de estabilidad se obtiene a esta frecuencia.

En la Figura 21, se muestran las ganancias de los bloques en ω_0. Con un seguimiento suficientemente bueno de las corrientes de referencia, la ganancia del inversor y control de corriente es 1 [135]. Según la Figura 3, la ganancia del sistema eléctrico es la magnitud de la impedancia de la red [139]. La ganancia del bloque del código de red K_{CR} depende de la función expresada en (153). Finalmente, la ganancia del control propuesto depende de las potencias de secuencia (140)-(143) y la limitación de corriente en (154).

Estas tres funciones no son lineales. El análisis basado en el teorema de la pequeña ganancia es adecuado para sistemas no lineales ya que sólo requiere el valor de ganancia más alto. La función no lineal del código de red se descompone en tres tramos lineales: dos de saturación y otra lineal de actuación sobre la que se considera el análisis de estabilidad.

La ganancia del bloque de sensado y procesado viene dada por la función de transferencia del extractor de secuencias:

$$H_S = \frac{v_e}{v} = \frac{2\xi\omega s}{s^2 + 2\xi\omega s + \omega^2} \tag{158}$$

que, multiplicándola por la ganancia del código de red (K_{CR}), se tiene:

$$B = \frac{2K_{CR}\xi\omega s}{s^2 + 2\xi\omega s + \omega^2} \tag{159}$$

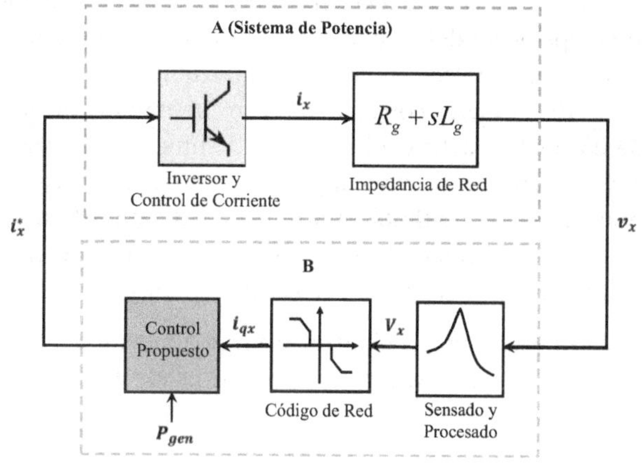

Figura 21: *Diagrama de bloques del sistema de control en lazo cerrado*

con:

$$A = R_g + sL_g \tag{160}$$

Y la ganancia en lazo abierto será:

$$L(s) = A \cdot B, \tag{161}$$

cuyos parámetros se muestran en la Tabla III.

TABLA III

PARAMETROS DEL SISTEMA DE CONTROL

Descripción	**Símbolo**	**Valor nominal**
Frecuencia angular de red	ω_0	2π60 rad/s
Inductancia de red	L_g	4.8 mH
Resistencia de red	R_g	0.1 Ω
Ganancia del Código de Red	K_{CR}	0.9
Factor de amortiguamiento	ξ	0.2

Para la obtención de la ganancia del bloque del código de red K_{CR}, se analiza el protocolo de operación del código de red de la Figura 18, donde la inyección de corriente reactiva establece en el semiplano izquierdo tres intervalos función de la tensión. El primero corresponde con la mínima tensión y máxima inyección de corriente reactiva. El segundo, de proporcionalidad lineal inversa entre tensión y corriente reactiva inyectada, corresponde con una operativa lineal dinámica. Es el que influirá en la estabilidad del sistema. El tercer tramo corresponde con la situación de no fallo y, por tanto, de no inyección de corriente reactiva. El semiplano derecho es similar con signo contrario.

El intervalo lineal de proporcionalidad inversa tiene una pendiente negativa cuyo valor expresa la ganancia en pequeña señal de la relación de corriente reactiva-tensión, expresada como:

$$K_{CR} = \frac{\Delta I_q}{\Delta V} = \frac{\left(I_{q\min} - I_{q\max}\right)}{\left(V_{dB} - V_{sat}\right)}. \qquad (162)$$

Y, la relación de las variables incrementales en esta zona lineal es:

$$\Delta I_q = K_{CR} \Delta V, \qquad (163)$$

de donde se deduce la relación lineal en pequeña señal

$$i_q = K_{CR} v \qquad (164)$$

Asimismo, la relación característica estática será la ecuación de la recta, conocida su pendiente

$$I_q = K_{CR}\left(V - V_{sat}\right) + I_{q\max}. \qquad (165)$$

Así, la característica funcional estática completa, considerando los tres intervalos, es la expresada en (153).

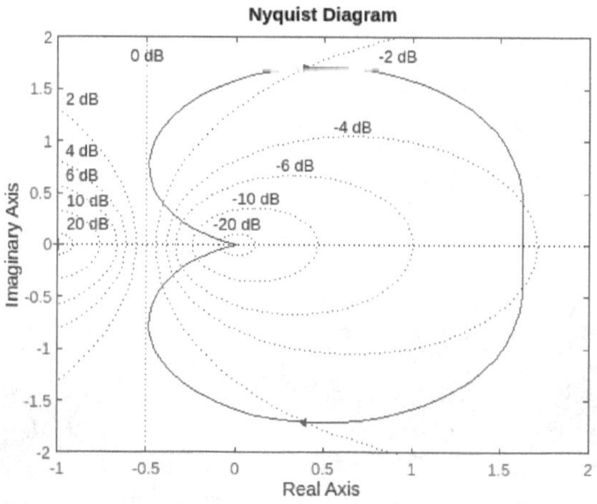

Figura 22: *Diagrama de Nyquist de la ganancia en lazo abierto*

El valor de la ganancia K_{CR}, seleccionada para el estudio de la estabilidad, corresponde con el caso más desfavorable.

La Figura 22 muestra el análisis de estabilidad de Nyquist que se obtiene trazando la curva de fases $L(\omega)$ para un barrido de frecuencias $-\infty < +\infty$. Se comprueba que no pasa ni envuelve al punto (-1,0), por lo que se puede concluir que el sistema es estable.

3.5 Casos de estudio y resultados

En este subapartado, se presenta primero la configuración experimental y luego, se valida la operación del control propuesto en varios escenarios. Finalmente, se realiza una comparación con otras propuestas de control (Tablas VIII y IX).

3.5.1 Implementación en laboratorio

Para la obtención de los resultados experimentales, se ha utilizado el inversor trifásico conectado a red y con carga local de la Figura 23. La Figura 24 muestra el sistema de potencia, que se compone de una fuente emuladora de DC-Link Cinergia B2C, un inversor Guasch MTL-CBI00060F12IXHF con puente trifásico de IGBTs y un filtro LCL y, una fuente emuladora de red Pacific Power AMX para emular la red trifásica y realizar los huecos que se muestran en la tabla VI. La Tabla VII muestra los valores nominales del sistema. Para la programación del algoritmo de control, se ha utilizado el procesador de señal digital (DSP) F28M36P63C2 de Texas instruments.

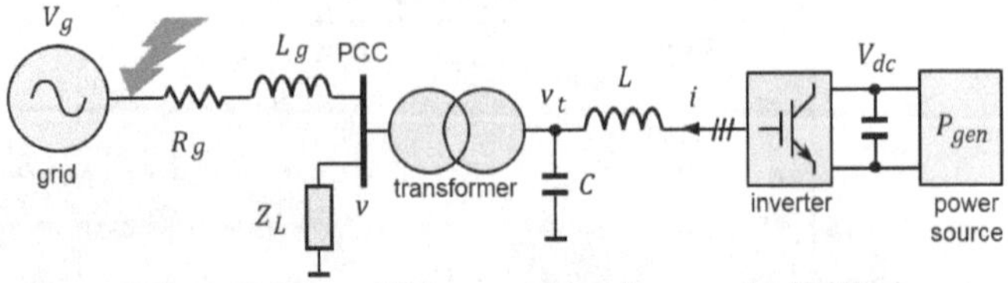

Figura 23: *Inversor trifásico conectado a red con carga local* [131]

Figura 24: *Foto del sistema de potencia empleado en los experimentos* [131]

Los valores nominales de la configuración experimental se enumeran en la Tabla VI. La tensión y la corriente utilizados para calcular los valores por unidad (p.u) son V_g e I_{rated}.

La Figura 25 muestra en diagrama de bloques el control implementado en los experimentos. El diagrama se compone de un multiplexor de dos entradas y un detector de fallos. En primer lugar, se sensa la tensión en cada una de las líneas y se calcula su valor de pico V. Cuando este valor es menor que V_{min} o superior a V_{max} (Figura 18), estamos ante un fallo de red. El multiplexor es activado por la salida del detector de fallos y entrega los valores de referencia P^{+*}, P^{-*}, Q^{+*} y Q^{-*} correspondientes, según si nos encontramos en funcionamiento normal o en condición de fallo.

TABLA VI

PARAMETROS DEL SISTEMA

Descripción	mbolo	Valor nominal
Tensión de red	V_g	155 V (1 p.u.)
Sag 1: tensión de secuencia positiva	V_{g1}^+	54.4 V (0.35 p.u.)
Sag 1: tensión de secuencia negativa	V_{g1}^-	18.7 V (0.12 p.u.)
Sag 1: fase entre secuencias	φ_1	70°
Sag 2: tensión de secuencia positiva	V_{g2}^+	140 V (0.90 p.u.)
Sag 2: tensión de secuencia negativa	V_{g2}^-	62.2 V (0.40 p.u.)
Sag 2: fase entre secuencias	φ_2	15°
Frecuencia angular de red	ω	$2\pi 60$ rad/s
Resistencia de red	R_g	).1 Ω (0.006 p.u.)
Inductancia de red	L_g	8 mH (0.117 p.u.)
Resistencia de la carga	R_L	2.8 Ω (1.471 p.u.)
Inductancia de la carga	L_L	0 mH (0.486 p.u.)
Resistencia parásita del transformador	R_t	1.1 Ω (0.071 p.u.)
Inductancia parásita del transformador	L_t	6 mH (0.015 p.u.)
Capacidad del filtro	C	.3 μF (0.117 p.u.)
Inductancia del filtro	L	5 mH (0.122 p.u.)
Corriente nominal del inversor	I_{rated}	10 A (1 p.u.)
Frecuencia de conmutación	f_s	10 kHz
Tensión del dc-link	V_{dc}	400 V
Potencia generada	P_{gen}	1 kW

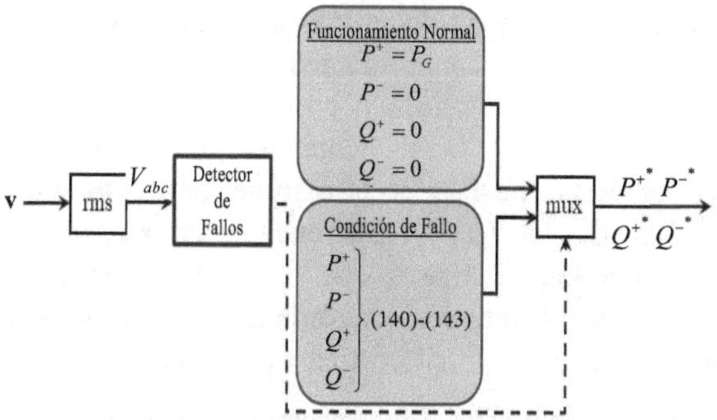

Figura 25: *Diagrama de bloques para la obtención de valores de referencia.*

Se provocan dos fallos de red diferentes para evaluar el control propuesto.

1) En el experimento1, se programa una caída de tensión desbalanceada (Figura 28).

2) En el experimento 2, se programa un fallo de red desbalanceado con una sobretensión en una de las fases y una caída de tensión en otra de las fases (Figura 31).

La Tabla VII muestra los valores nominales del código de red de la Figura 18. Con estos valores, el control propuesto es estable como se ha visto en el subapartado 3.8.

En la Figura 26, se muestra el diagrama de flujo del algoritmo de control para la obtención de los valores de referencia. En primer lugar, se sensan las tensiones y corrientes de fase y se obtienen los valores de P_G y I_{max}. A continuación, se calculan los valores α-β de tensiones y corrientes, mediante la transformada de Clarke, así como los valores de sus secuencias, mediante un extractor de secuencias. Después, se calcula el valor del ángulo de desfase entre la secuencia positiva y negativa φ.

El siguiente paso es comparar el valor de las amplitudes de cada una de las fases con el valor de 1 p.u.. Si el valor sensado de la amplitud de la tensión de alguna de las fases es menor a 1 p.u., nos encontramos ante una caída de tensión y el algoritmo fluirá por el lado izquierdo del diagrama de flujo (Low Voltage Ride Throud). En el caso contrario, nos encontramos ante un escenario de sobretensión y el algoritmo fluirá por el lado derecho (High Voltage Ride Throud). En ambos casos, la siguiente comprobación es averiguar si nos encontramos por debajo de V_{satL} en el caso del escenario con caída de tensión que supone fijar $I_{qabc} = I_{qmin}$, o por encima de V_{satH} en el escenario con sobretensión, lo que implica fijar $I_{qabc} = I_{qmax}$. A continuación, en ambos casos, se comprueba si nos encontramos dentro de la zona muerta, lo que implica fijar $I_{qabc} = 0$ y no realizar inyección de corriente reactiva.

Por último, se comprueba si la corriente de alguna de las fases supera el valor de corriente máxima admitida I_{max}. En caso de que así sea, el control de corriente de pico actúa y calcula una nueva corriente (I_{abcnew}) para la fase con la corriente más elevada. Finalmente, se calculan los valores de P^+, P^-, Q^+ y Q^- a partir de las ecuaciones (140)-(143), necesarios para la obtención de los valores de referencia i_α^* e i_β^*.

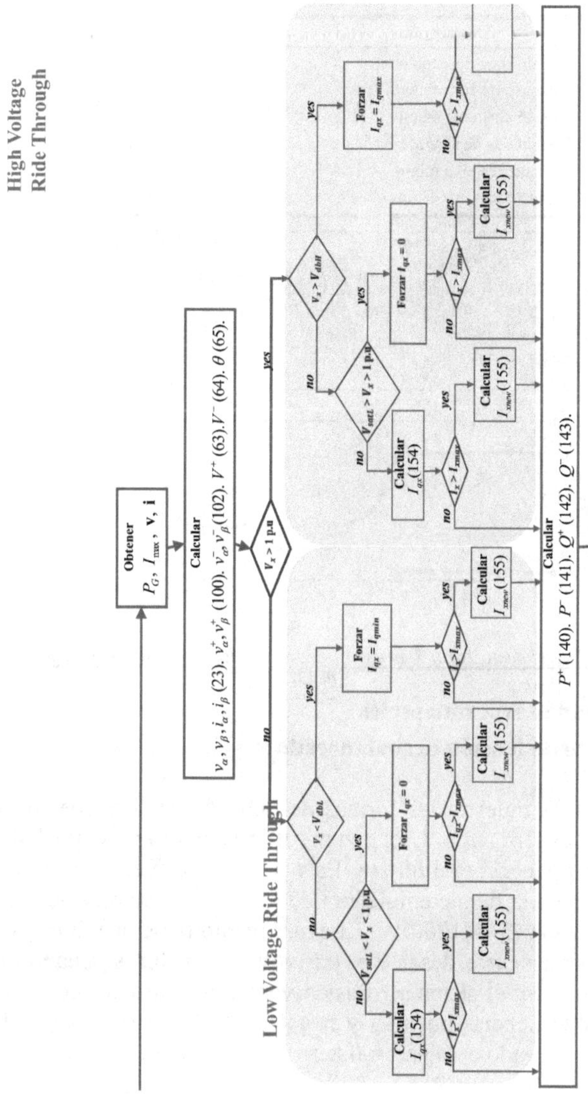

Figura 26: Diagrama de flujo para la obtención de valores de referencia.

TABLA VII
VALORES NOMINALES DEL CÓDIGO DE RED DE LA FIGURA 18

Descripción	Símbolo	Valor nominal
Tensión Baja de saturación	x	0.25 p.u.
Tensión baja zona muerta	V_{min}	0.85 p.u.
Tensión alta zona muerta	V_{max}	1.10 p.u.
Tensión alta de saturación	y	1.75 p.u.
Corriente reactiva minima	I_{qmin}	0.10 p.u.
Corriente reactiva de saturación	I_{qmax}	0.90 p.u.

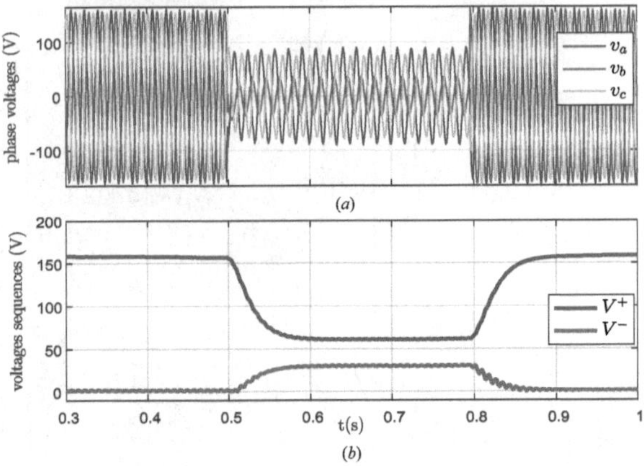

Figura 27: *Experimento 1: (a) Tensiones de fase. (b) descomposición en secuencia positiva y negativa.*

3.5.2 Resultados experimentales

3.5.2.1 Hueco de tensión desbalanceado

La Figura 27 muestra las formas de onda de las tensiones de fase (a). Al principio del experimento 1, el sistema trifásico se encuentra balanceado con 155 V y una frecuencia de 60 Hz. En t = 0.5 s, se fuerza un hueco de tensión desbalanceado en la fuente emuladora de red, con los valores de la tabla 2 y una potencia generada P_G = 1000 W. El experimento tiene una duración de 1 s y la caída de tensión ocurre desde t = 0.5 s hasta t = 0.8 s. Cuando el hueco de tensión desaparece, el sistema trifásico vuelve a estar balanceado. Después, se muestran las secuencias positiva y negativa de las tensiones (b). El hueco de tensión desbalanceado cesa en t = 0.8 s y V^+ y V^- vuelven a sus valores iníciales.

La Figura 28 muestra los resultados obtenidos en el experimento 1. En la subfigura (*a*), se pueden ver las corrientes de fase y cómo la corriente de la fase *a* alcanza el valor de la corriente máxima admitida por el inversor (I_{max} = 10 A), siendo limitada por el control de corriente de pico programado. En la subfigura (*b*), se ven las corrientes reactivas inyectadas por el inversor en cada una de las fases independientemente y que son establecidas por la propuesta de código de red de la Figura 21.

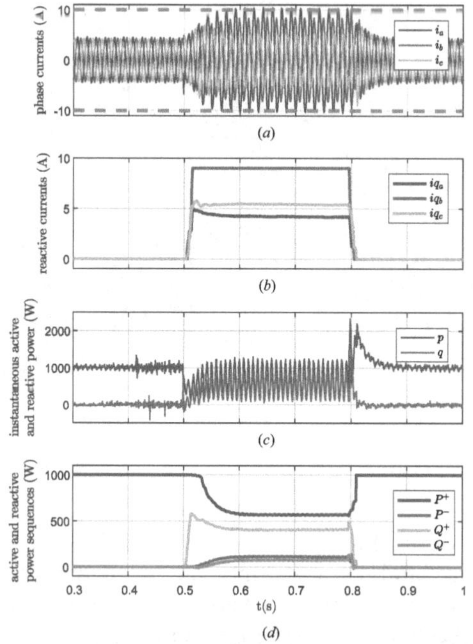

Figura 28: *Experimento 1: (a) Corrientes de fase medidas. (b) Corrientes reactiva calculadas. (c)(c) Potencias activa y reactiva instantáneas medidas. (d) Potencias activa y reactiva de secuencias positiva y negativa calculadas.*

Los valores obtenidos en el experimento 1 son: i_{qa} = 4 A, i_{qb} = 9 A y i_{qc} = 5 A. La fase *b* es la fase que más cae y la que requiere una mayor inyección de corriente reactiva para su recuperación (9 A). La subfigura (*c*) muestra los valores instantáneos de las potencias activas y reactivas, siendo sus valores P = 600 W y Q = 400 W, antes y después del hueco de tensión. Durante el hueco de tensión, sus valores oscilan, siendo sus valores medios $p = P_G$ y $q = 0$. En la subfigura (*c*), se representan los valores de las secuencias positiva y negativa de las potencias activas y reactivas P^+, P^-, Q^+ y Q^-. Tal y como ilustra la Figura 8, se pueden observar los valores de $P^+ = P_G$, $P^- = 0$, $Q^+ = 0$ y $Q^- = 0$, antes de que el hueco de tensión sea detectado y los valores P^+ = 600 W, P^-= 150 W, Q^+ = 400 W y Q^-= 100 W, calculados por las ecuaciones (140)-(143), donde se comprueba que $P^+ = P$ = 600 W y $Q^+ = Q$ = 400 W.

La Figura 29 muestra las tensiones y corrientes de fase durante el fallo de red programado en el experimento 1 y su representación vectorial. En el plano cartesiano, en el eje de abscisas se representa los valores de los ángulos de fase

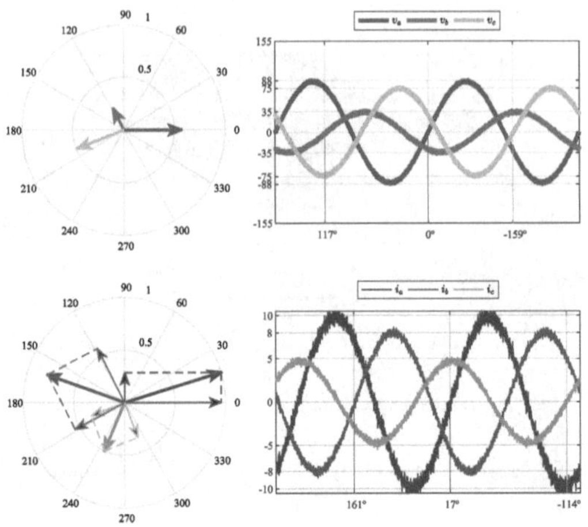

Figura 29: *Experimento 1: Tensiones y corrientes de fase*

respecto a la fase de v_a. La representación polar de las corrientes muestra la descomposición vectorial de cada una de las corrientes de fase. Con la descomposición vectorial de las corrientes de fase, se pueden ver sus valores de corriente activa y reactiva. El valor de I_a es de 10 A, que corresponde al valor de corriente máxima admitida por el inversor y programada en el control de corriente de pico. Su descomposición vectorial muestra un valor de corriente activa I_{pa} = 2.5 A y de corriente reactiva I_{qa} = 9 A. El inversor está inyectando 9 A de corriente reactiva para corregir la caída de tensión en la fase *a*. El valor de I_b es de 8 A, y su descomposición vectorial muestra un valor de corriente activa I_{pb} = 6 A y de corriente reactiva I_{qb} = 5.5 A. El inversor está inyectando 5.5 A de corriente reactiva para corregir la caída de tensión en la fase *b*. El valor de I_c es de -5 A y su descomposición vectorial muestra un valor de corriente activa I_{pc} = -3.5 A y de corriente reactiva I_{qc} = -3.5 A.

3.5.2.2 Caída de tensión y sobretensión simultaneas

La Figura 30 muestra, en la subfigura (*a*), las formas de onda de las tensiones de fase. Al principio del experimento 2, el sistema trifásico se encuentra balanceado con una amplitud de 155 V y una frecuencia de 60 Hz. En t = 0.5 s, se fuerza un hueco de tensión desbalanceado en la fuente emuladora de red, con los valores de la tabla 2 y una potencia generada P_G = 2000 W. En este experimento, la fase *a* sufre una sobretensión, la fase *b* una caída de tensión y la fase *c* no es afectada por ninguna perturbación. En la subfigura (*b*), se ilustran las secuencias positiva y negativa de las tensiones.

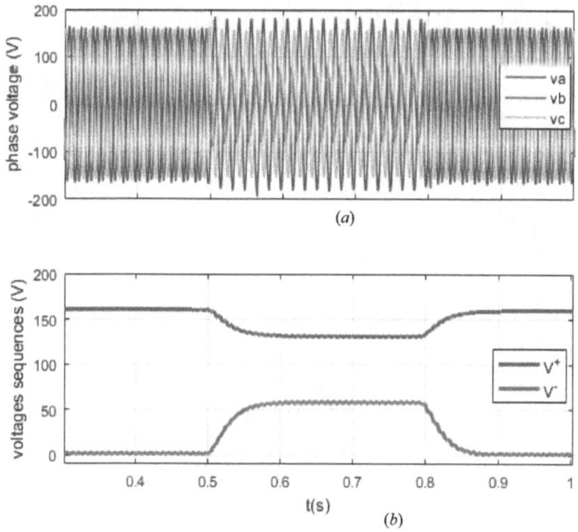

Figura 30: *Experimento 2: (a) Tensiones de fase. (b) descomposición en secuencia positiva y negativa*

La Figura31 representa los resultados obtenidos en el experimento 2. En la subfigura (*a*), se pueden ver las corrientes de fase y cómo la corriente de la fase *a* alcanza el valor de corriente máxima admitida por el inversor (I_{max} = 10 A), siendo limitada por el control de corriente de pico programado. En la subfigura (*b*), se puede ver cómo, a diferencia del experimento 1, existe una corriente reactiva de valor negativo (i_{qa} = -1.5 A). Se corresponde a la fase *a* que es la que ha sufrido una sobretensión. Comprobamos que el inversor está absorbiendo corriente reactiva para corregir la sobretensión de esta fase. También, se puede ver que en la fase *c* ni se inyecta ni se absorbe corriente reactiva (i_{qc} = 0 A) ya que esta fase no ha sido perturbada. Esto significa que el inversor inyecta o absorbe la corriente reactiva que necesita en cada una de las fases.

La subfigura (*c*) muestra los valores instantáneos de las potencias activas y reactivas, siendo sus valores $p = P_G$ y $q = 0$, antes y después del fallo de red y su valor medio $P = p^{+}$ = 1200 W y $Q = q^{+}$ = 350 W. En la sufigura (*d*), se representan los valores de las secuencias positiva y negativa de las potencias activas y reactivas P^+, P^-, Q^+ y Q^-. Sus valores son $P^+ = P_G$, $P^- = 0$, $Q^+ = 0$ y $Q^- = 0$, antes de que el hueco de tensión sea detectado y los valores P^+ = 1200 W, P^- = 300 W, Q^+ = 350 W y Q^- = 300 W, calculados a partir de las ecuaciones (70)-(73).

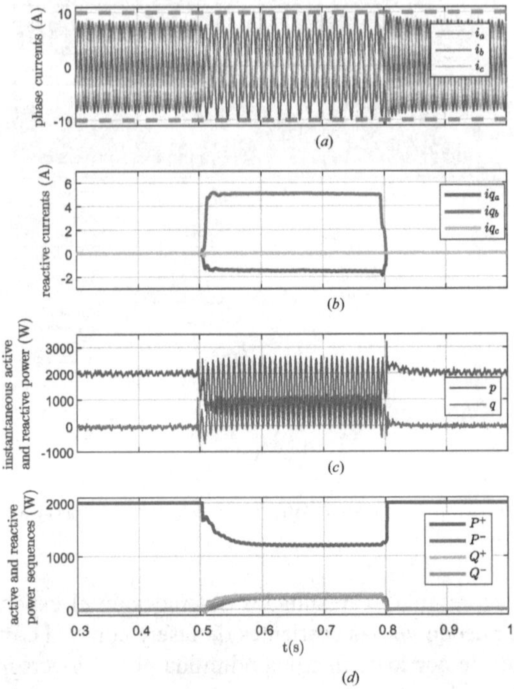

Figura 31: *Experimento 2: (a) Corrientes de fase. (b) Corrientes reactiva. (c) Potencias activa y reactiva instantáneas. (d) Potencias activa y reactiva de secuencias positiva y negativa*

La Figura 32 muestra las tensiones y corrientes de fase durante el fallo de red programado en el experimento 2 y su representación vectorial. Con la descomposición vectorial de las corrientes de fase, se pueden ver sus valores de corriente activa y reactiva. El valor de I_a es 10 A, que corresponde al valor de corriente máxima admitida por el inversor. Su descomposición vectorial muestra un valor de corriente activa I_{pa} = 9.5 A y de corriente reactiva I_{qa} = -1.5 A, por lo que el inversor está inyectando corriente activa y absorbiendo corriente reactiva en la fase *a*, que es la afectada por la sobretensión. El valor de I_b es 7 A y su descomposición vectorial muestra un valor de corriente activa I_{pb} = 4 A y de corriente reactiva I_{qb} = 5.5 A, por lo que el inversor está inyectando corriente activa y corriente reactiva en la fase *b*, que es la afectada por la caída de tensión. El valor de I_c es 5 A y su descomposición vectorial muestra un valor de corriente activa I_{pc} = 4 A y de corriente reactiva I_{qc} = 0 A, por lo que el inversor no está inyectando corriente reactiva en la fase *b*, ya que esta fase funciona correctamente. De esta manera, se puede comprobar cómo el control propuesto trabaja en cada una de las fases individualmente, inyectando o absorbiendo la corriente reactiva que le corresponde a cada una de ellas.

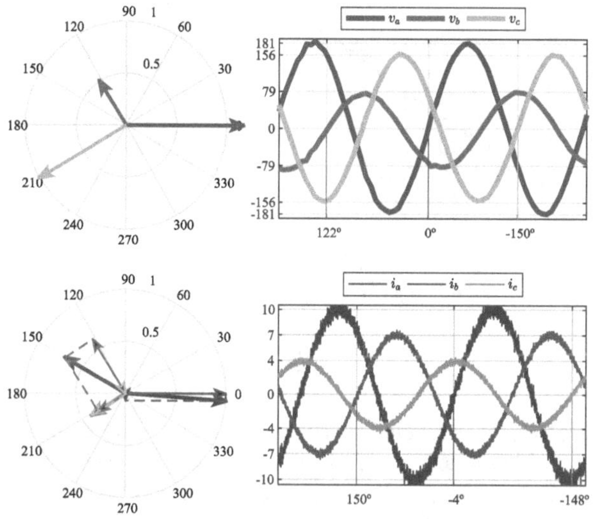

Figura 32: *Experimento 2: Tensiones y corrientes de fase*

Como se puede ver, estos valores deducidos coinciden con los valores medidos de la Figura 12. En este experimento podemos concluir que el control funciona correctamente. Los objetivos marcados, trabajar en cada una de las fases de manera individualizada y corregir una sobretensión absorbiendo corriente reactiva por parte del inversor, son alcanzados.

En el primer experimento, la inductancia nominal de la red se redujo del valor nominal 4,8 mH (0,117 p.u.) a 3,2 mH (0,078 p.u.) y luego, a 1 mH (0,024 p.u.). La resistencia de la red se mantiene aproximadamente en 0,1 Ω (0,006 p.u.). Esta prueba emula el cambio de una red débil inicial a una red rígida final, ambas con comportamiento predominantemente inductivo.

La figura 33 (a) muestra el soporte de tensión medido en esta prueba. Como era de esperar, el soporte de tensión mejora a medida que aumenta la inductancia de la red. Esto se debe a que el soporte de tensión en una red inductiva se consigue básicamente mediante la inyección de corriente reactiva. Por tanto, cuanto mayor sea la inductancia, mayor será el soporte de tensión (suponiendo que la corriente reactiva permanezca constante).

Se observan dos cuestiones interesantes en la Figura 33 (a): 1) el soporte de tensión es mayor en la fase *a* que en la fase *b*. Por lo tanto, gracias a la estrategia

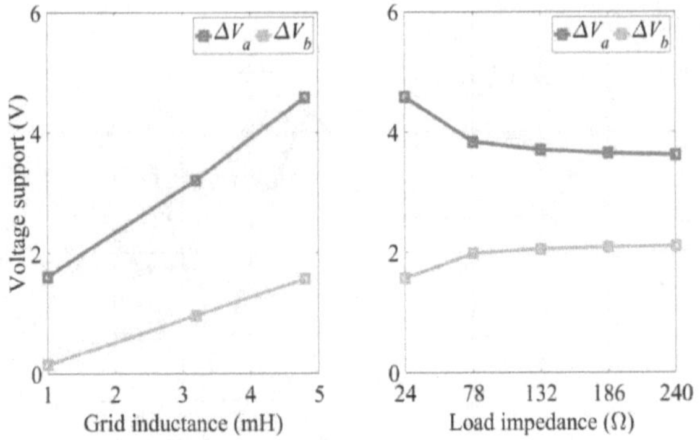

Figura 33: *Soporte de tensión en el sag 2 con diferentes (a) inductancia de red y (b) impedancia de carga* [131]

propuesta en (160), la inyección de corriente se concentra en la fase donde se ha producido el problema de sobretensión (ver Figura 37). 2) la tensión de la fase *c* está dentro del rango $V_{dbL} < V < V_{dbH}$, por lo que no se produce inyección de corriente reactiva en esta fase.

En la segunda prueba, la impedancia de carga se redujo de carga completa (228 Ω y 200 mH) al 10 % (22,8 Ω y 20 mH). En este caso, es posible identificar dos regiones con diferente impacto en el soporte de tensión (Figura 33 (b)). En el lado derecho (que incluye valores superiores a aproximadamente 78 Ω), el efecto de la impedancia de carga sobre las variaciones de V_a y V_b es insignificante. Esto se debe a que la potencia absorbida por la carga en esta región es pequeña. Sin embargo, en la región izquierda, se observa que el efecto de la impedancia de carga es apreciable. Lo más interesante es que hay una clara mejora en el soporte de tensión, en la fase donde se produce la sobretensión. Esto se consigue mediante un ligero empeoramiento del soporte de tensión en la otra fase defectuosa. En cualquier caso, los resultados obtenidos muestran que el impacto de la impedancia de la red sobre el soporte de tensión es más importante que el efecto de la impedancia de la carga.

3.5.3 Comparación con otras estrategias de control

Las Tablas VIII y IX enumeran los resultados medidos durante los huecos de tensión 1 y 2, respectivamente, al probar la configuración experimental con el 10 % de la carga. Para comparar el rendimiento, también se han realizado pruebas con otras condiciones de carga, llegando a las mismas conclusiones que se extraen de los resultados que se presentan a continuación. En ambas tablas, las columnas sombreadas en azul muestran las mediciones de tensión. En azul oscuro se resaltan las tensiones responsables de fijar la corriente reactiva de secuencia positiva para los controles [35], [85]-[87] y las corrientes de fase reactiva para el control propuesto. Las columnas sombreadas en violeta muestran las secuencias de las corrientes. En violeta oscuro, se resaltan las corrientes fijadas por el código de red de la Figura 1. Finalmente, las columnas sombreadas en verde muestran los factores de mérito para el soporte de tensión. Las celdas sombreadas en verde oscuro o rojo se resaltan para comparar el desempeño del control propuesto. Estos últimos resultados se analizan en detalle a continuación.

En la Tabla VIII, se puede observar que todas las tensiones sombreadas en azul oscuro están por debajo de V_{dbL} = 0,85 p.u. Por tanto, las corrientes reactivas sombreadas en violeta oscuro son superiores a 0. En particular, las tensiones para los controles [85]-[87] son muy similares, de modo que los resultados obtenidos para el soporte de tensión también son muy similares. En el control [35], la tensión es menor que en los controles [85] a [87], lo que supone una corriente reactiva de secuencia positiva más alta y una clara mejora en el soporte de tensión. En el control propuesto, los resultados en
este escenario de baja tensión de secuencia negativa son similares a los medidos en el control [35]. Sin embargo, cabe destacar la inyección independiente por cada fase, lo que provoca una mayor mejora en la fase con tensión inferior (ver resultados en la fase *b*). La fase de mayor tensión (fase *c*) es la de menor prioridad, por lo que la mejora en el soporte de tensión es menor que en el resto de las fases. Finalmente, en la fase de tensión intermedia (fase *a*), la mejora en la tensión de soporte es prácticamente la misma que en el control [35]. En definitiva, los resultados medidos muestran que el control propuesto prioriza el soporte de tensión en la fase de menor amplitud cuando la tensión es inferiores a V_{dbL}. Este principio de funcionamiento garantiza un mejor soporte de tensión en este escenario.

TABLA VIII

COMPARACIÓN ESTRATEGIAS INYECCIÓN DE CORRIENTE REACTIVA DURANTE HUECO DE TENSIÓN 1
(SIN INYECCIÓN: $V_{a,NI}$ = 0.399 p.u. , $V_{b,NI}$ = 0.236 p.u. , $V_{c,NI}$ = 0.443 p.u.)

Ctrl	V^+, p.u.	V_{ag}, p.u.	V_{ef}, p.u.	V_{min}, p.u.	V_a, p.u.	V_b, p.u.	V_c, p.u.	I_p^+, A	I_q^+, A	I_p^-, A	I_q^-, A	ΔV_a, %	ΔV_b, %	ΔV_c, %
[85]	0.443	–	–	–	0.472	0.340	0.547	6.41	6.4	0	0	18.3	44.1	23.5
[86]	–	0.452	–	–	0.470	0.339	0.546	6.56	6.3	0	0	17.8	43.6	23.2
[87]	–	–	0.463	–	0.468	0.338	0.545	6.72	6.1	0	0	17.3	43.2	23.0
[35]	–	–	–	0.350	0.497	0.350	0.559	4.35	7.6	0	0	24.6	48.3	26.2
prop.	–	–	–	–	0.493	0.354	0.513	3.14	7.9	1.3	1.3	23.6	50.1	15.8

En la Tabla IX, la tensión en la fase *c* se encuentra en operación normal. Para los controles [85]-[87], las tensiones sombreadas en azul oscuro también están en funcionamiento normal, por lo que no se realiza ninguna inyección de corriente reactiva. En este caso, la tensión en la fase *b* se reduce ligeramente por la inyección de corriente activa, provocando un valor negativo en su incremento de tensión ΔV_b. Para el control [35], la tensión sombreada en azul oscuro está por debajo de V_{dbL}, lo que resulta en una inyección de corriente reactiva de secuencia positiva. Esta corriente aumenta la tensión en las tres fases simultáneamente, produciendo un problema de sobretensión en la fase *a*. En este caso, el problema se cuantifica como un aumento de tensión del 2,49 %. El control propuesto resuelve este problema, ya que la inyección individual de corriente reactiva hace que la acción sobre las tensiones sea independiente para cada fase. De esta forma, se reduce la tensión en la fase *a* mientras que se aumenta la tensión en la fase *b*. Este principio de funcionamiento produce incremento positivo de la tensión, como se muestra en verde oscuro en la tabla. En realidad, los porcentajes de mejora del soporte de tensión son menores en el hueco de tensión 2 en comparación con el 1. Esto se debe a que las tensiones en el hueco de tensión 2 están más cerca del funcionamiento normal. En cualquier caso, la relevancia del control propuesto radica en la acción independiente por cada fase, lo que permite mejorar las tensiones de cada una de las fases en cualquier situación.

TABLA IX
COMPARACIÓN ESTRATEGIAS INYECCIÓN DE CORRIENTE REACTIVA DURANTE HUECO DE TENSIÓN 2
(SIN INYECCIÓN: $V_{a,NI}$ = 1.297 p.u. , $V_{b,NI}$ = 0.713 p.u. , $V_{c,NI}$ = 0.852 p.u.)

Ctrl	V^+, p.u.	V_{ag}, p.u.	V_{ef}, p.u.	V_{min}, p.u.	V_a, p.u.	V_b, p.u.	V_c, p.u.	I_p^+, A	I_q^+, A	I_p^-, A	I_q^-, A	ΔV_a, %	ΔV_b, %	ΔV_c, %
[85]	0.90	–	–	–	1.295	0.69	0.877	4.7	0	0	0	0.15	-3.23	–
[86]	–	0.95	–	–	1.295	0.69	0.877	4.7	0	0	0	0.15	-3.23	–
[87]	–	–	0.99	–	1.295	0.69	0.877	4.7	0	0	0	0.15	-3.23	–
[35]	–	–	–	0.72	1.329	0.72	0.906	4.7	2.6	0	0	-2.49	1.40	–
prop.	–	–	–	–	1.250	0.72	0.862	3.8	0.7	1.7	4.5	3.62	2.10	–

4 Contribución 2: Soporte de tensión ante un cortocircuito

La segunda de las tres contribuciones que se presentan en esta tesis doctoral ha sido publicada en 2023 IECON-49th Annual Conference of the IEEE Industrial Electronics Society, Singapore, con el título "Active-Power Voltage-Support for a Microgrid under Short-Circuits, Modelled in Complex Valued Domain" [130].

4.1. Introducción

Cuando ocurre un cortocircuito en una µG donde los GD que forman la red se basan en máquinas síncronas, estos equipos pueden manejar altas sobrecorrientes sin sufrir daños. Sin embargo, cuando los GD que forman la red se basan en convertidores de potencia, no pueden manejar corrientes muy superiores a la corriente nominal. En este último caso, las técnicas de última generación para evitar sobrecorrientes en los inversores GD se basan en agregar/cambiar impedancias virtuales durante la perturbación [127], [128]. La adición de una impedancia virtual, normalmente resistiva, limita la corriente de salida del inversor a un valor seguro.

Este estudio trata de una µG aislada con alta conexión de EV expuesta a un cortocircuito. Cuando se detecta este fallo, un control local debe proteger los nodos que forman la red contra sobrecorrientes. Para reducir la corriente de salida a un valor seguro durante el fallo, el controlador local del nodo de fuente de tensión agregará una impedancia de salida virtual resistiva que reducirá la tensión. La nueva propuesta de este trabajo es que, en lugar de inyectar potencia reactiva (como requieren los protocolos convencionales), los vehículos eléctricos inyectarán potencia activa para realizar soporte de tensión. Se realiza un modelado completo de la µG durante el fallo en el plano complejo para demostrar que la inyección de potencia activa es una de las formas más convenientes para realizar soporte de tensión. Cuando se realiza soporte de tensión, aparece el efecto indeseado de sobrepasar el límite máximo de tensión, llevando al sistema a zonas inseguras [129]. Este efecto negativo se debe evitar localmente por los controladores de los VE y también globalmente por los controladores de los GD que forman la red, debido a que en los buses activos (donde se conectan los GD) la tensión es mayor que en los buses pasivos (donde se cargan los VE). Para evitar sobretensiones en cualquiera de los nodos de la µG, se propone un control coordinado de límite de tensión entre GD y VE.

4.2 Comportamiento de la microrred ante sobrecorrientes

Con el análisis matemático realizado en el apartado 2.4, se modela completamente el comportamiento de la µG ante un cortocircuito, pudiéndose determinar el control más conveniente para los inversores que alimentan la red (I_2 a I_5) de la Figura 17, para soportar la tensión de la red ante este fallo.

Debido a que los vehículos eléctricos serán los que realicen soporte de tensión en la red, se debe determinar su tensión de salida. Por ejemplo, para VE_2, las tensiones v_2^+ y v_2^- se pueden modelar teniendo en cuenta solo GD (con solo secuencia positiva $V_1^+ \neq 0$ y $V_1^- = 0$) y todos los VE desactivados ($I_2 = I_3 = I_4 = I_5 = 0$). De (88) tenemos:

$$v_2^+(s) = G_{s21}(s) \cdot V_1^+(s) \tag{166}$$

$$v_2^-(s) = G_{a21}(s) \cdot \overline{V_1^+}(s) \tag{167}$$

El diagrama de Bode de la función de transferencia simétrica en (166) se puede ver en la Figura 34. Debido a que la tensión en el GD solo tiene secuencia positiva V_1^+, a 60 Hz (resaltado con una línea roja de guiones) aparece una tensión de secuencia positiva atenuada v_2^+ en VE_2, que presenta menor amplitud a medida que empeora el cortocircuito (menor valor de resistencia de R_{sc}). Es importante señalar que, a 60 Hz, el ángulo de fase de v_2^+ es casi el mismo que el de V_1^+.

El diagrama de Bode de la función de transferencia antisimétrica en (167) se puede ver en la Figura 35. A -60 Hz (frecuencia negativa debido a que depende de la secuencia positiva reflejada, es decir, conjugada $\overline{V_1^+}$) aparece una tensión de secuencia negativa v_2^- que presenta mayor amplitud a medida que empeora el cortocircuito (menor valor de resistencia de R_{sc}). En este caso, a -60 Hz el ángulo de fase de v_2^- tiene un retraso de aproximadamente 115º, con respecto a V_1^+. Teniendo en cuenta también los resultados mostrados en la Figura 42, el ángulo de fase entre las secuencias positivas y negativas de VE_2 será de 115º (el ángulo de fase entre v_2^+ y v_2^- es $\theta = -115º$ en (166) y (167)).

En lugar de imitar los requisitos de los protocolos LVRT para los GD como fuentes de corriente en caso de caídas de tensión, en este trabajo, se propone que los vehículos eléctricos actúen como fuentes de energía activa gestionables durante estas perturbaciones. Para evaluar el esfuerzo de soporte de tensión debido a la inyección de potencia activa, el modelo en (92) puede usarse para un solo VE activo. Para ello, se evalúa la tensión de salida de VE_2, es decir, v_2 en la Figura 41. El objetivo principal del soporte de tensión se describe como:

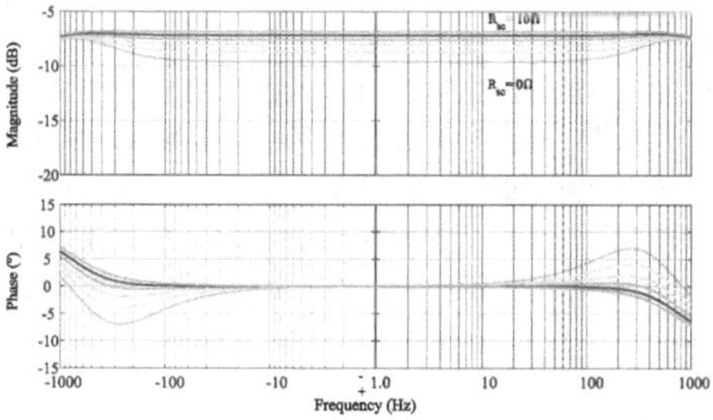

Figura 34: *Diagrama de Bode de $G_{s21}(s) = v_2^+/V_1^+$, para diferentes valores de resistencia de cortocircuito R_{sc}: [0, 2, 4, 6, 8 y 10 Ω]* [130]

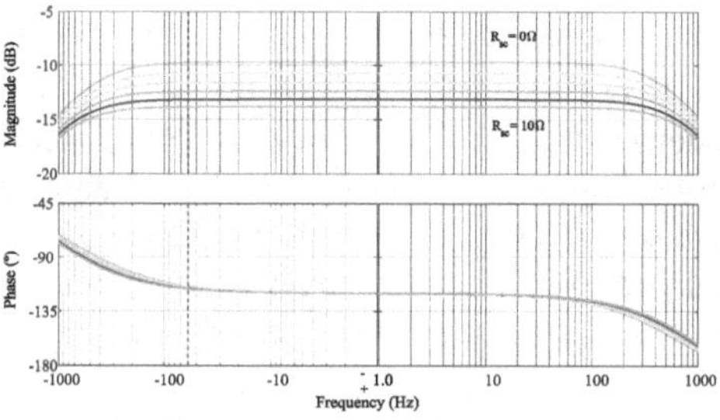

Figura 35: *Diagrama de Bode de $G_{a21}(s) = v_2^-/\overline{V_1^+}$, para diferentes valores de resistencia de cortocircuito R_{sc}* [130]

"aumentar tanto como sea posible la tensión de secuencia positiva y disminuir la tensión de secuencia negativa" ($\Delta v^+ > 0$, $\Delta v^- < 0$) [140]. Haciendo $I_p^+ > 0$ e $I_q^+ > 0$ en (72) y (73). Y obteniendo en el plano complejo la corriente suministrada por VE_2, $I_2 = I_2^+$ y usando estos valores en (72) y (73), se tiene:

$$I_2 = \frac{I_p^+}{V_2^+} v_{2\alpha}^+ + \frac{I_q^+}{V_2^+} v_{2\beta}^+ + j\left(\frac{I_p^+}{V_2^+} v_{2\alpha}^+ - \frac{I_q^+}{V_2^+} v_{2\beta}^+ \right) = \frac{I_p^+}{V_2^+} v_2^+ - j\frac{I_q^+}{V_2^+} v_2^+ \tag{168}$$

De esta manera, se puede obtener el incremento en las tensiones de salida v_2^+ y v_2^- debido a VE_2:

$$\Delta v_2^+(s) = G_{s22}(s) \cdot I_2^+(s) = G_{s22}(s) \cdot \left(\frac{I_p^+}{V_2^+} v_2^+(s) - j\frac{I_q^+}{V_2^+} v_2^+(s) \right) \tag{169}$$

$$\Delta v_2^-(s) = G_{a22}(s) \cdot \overline{I_2^+(s)} = G_{a22}(s) \cdot \left(\frac{I_p^+}{V_2^+} \overline{v_2^+(s)} - j\frac{I_q^+}{V_2^+} \overline{v_2^+(s)} \right) \tag{170}$$

La Figura 36 muestra el diagrama de Bode de G_{s22}(s) y el incremento Δv_2^+ debido a I_p^+. A 60 Hz, G_{s22}(s) presenta una fase de aproximadamente 0º. Esto supone que la inyección de corriente activa (I_p^+) casi está en fase con v_2^+, realizando así un soporte de tensión apreciable (ver también la ganancia de aproximadamente 15 dB, en la Figura 36). Al mismo tiempo, la inyección de corriente reactiva (I_q^+) no tiene un efecto apreciable sobre v_2^+ debido a que se realiza en cuadratura (ver el número complejo j aplicado a I_q^+ en (169)). Sin embargo, el acoplamiento entre secuencias tiene un efecto negativo sobre el soporte de tensión.

El diagrama de Bode de G_{a22}(s) de la Figura 37 muestra el efecto de la inyección de I_p^+ en la secuencia negativa v_2^-. A -60 Hz, G_{a22}(s) proporciona un ángulo de fase de -120º a $\overline{I_2^+}$ y por lo tanto, también se retrasa -120º desde v_2^+, que es casi el ángulo de fase que se ve en la Figura 43. Resumiendo, en lugar de disminuir, se aumenta la tensión de secuencia negativa debido a que la inyección $\overline{I_2^+}$, consecuencia de la tensión $\overline{V_2^+}$, está en fase con v_2^-. Aunque la ganancia de la función antisimétrica G_{a22}(s) a -60 Hz (~ 10 dB) es menor que la ganancia de la función simétrica G_{s22}(s) a 60 Hz (~ 15 dB), el aumento no deseado de la secuencia negativa será menor que el aumento deseado en la secuencia positiva. En este caso, la inyección de corriente reactiva también está en cuadratura con v_2^- y tiene un efecto insignificante sobre esta tensión.

Se puede concluir que la inyección de corriente activa I_p^+ es una buena opción para realizar soporte de tensión durante un fallo, aumentando la secuencia positiva.

4.3 Propuesta de control

Para verificar que la inyección de potencia activa es una buena solución para realizar soporte de tensión en una µG aislada bajo un cortocircuito, se propone el control de la Figura 38. Los principales objetivos son que los vehículos eléctricos inyecten su corriente activa nominal para aumentar la tensión de red y evitar sobrepasar los límites máximos de tensión.

En el control propuesto, se sensa la tensión de salida **v** de cada VE y se utiliza un extractor de secuencia para obtener la secuencia positiva v^+. Un PI proporciona la amplitud de la corriente de secuencia positiva I_p^+ que, insertada en (72) y (73), genera las corrientes de referencia que debe inyectar el VE. Para evitar sobretensiones debidas a esta estrategia de soporte, la entrada del PI se elige como la diferencia entre la tensión de fase de mayor amplitud V_{max} y la tensión nominal (V_o). A partir de la secuencia extraída v^+, es fácil obtener V_{max} [140]. Si V_{max} no alcanza V_o, el controlador PI debe saturarse cuando la corriente

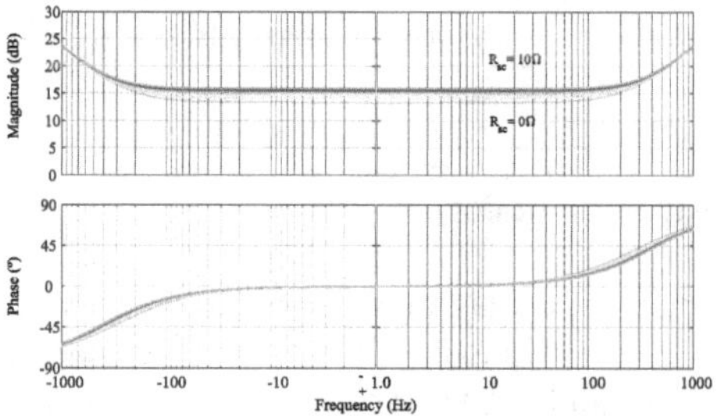

Figura 36: *Diagrama de Bode de* $G_{a22}(s) = v_2^+/I_2^+$*, para diferentes valores de resistencia de cortocircuito* R_{sc} [130]

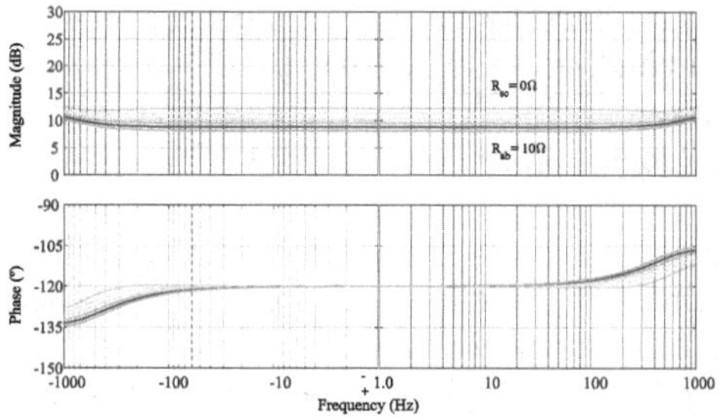

Figura 37: *Diagrama de Bode de* $G_{a22}(s) = v_2^-/I_2^+$*, para diferentes valores de resistencia de cortocircuito* R_{sc} [130]

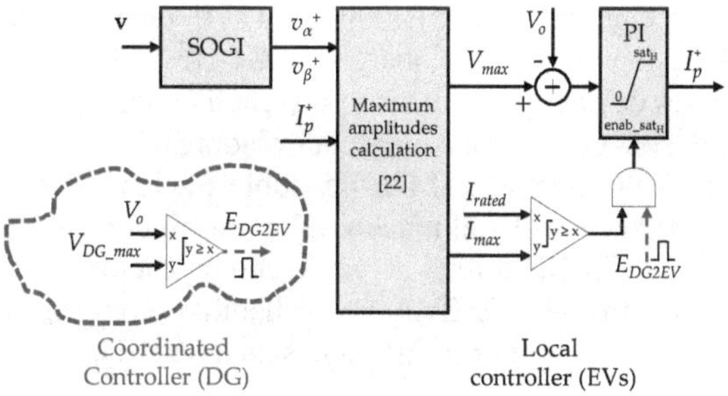

Figura 38: *Esquema de control de soporte de tensión de vehículos eléctricos* [130]

máxima inyectada I_{max} alcance su valor nominal I_{nom}. Cabe señalar que la tensión es mayor en el nodo activo donde está conectado el GD. Por lo tanto, el GD debe evitar también la sobretensión en su salida. Asimismo, cuando cualquiera de las tensiones de de fase alcanza V_o, se comunica una señal de control (EDG2EV) desde el GD a todos los VE, permitiendo que los controladores PI de los VE se saturen.

4.4 Resultados experimentales

La Figura 17 muestra el diagrama SRF de la configuración experimental que se ha configurado como μG aislada para evaluar la propuesta de control. La μG se compone de cinco nodos basados en inversores, uno que emula una fuente GD y cuatro que emulan vehículos eléctricos conectados. El GD funciona como fuente de tensión, conectado a la μG a través de un transformador estrella-triángulo 1:1. El GD genera una tensión de salida v_1 (t) = 155·cos(2·π·60·t) V. El controlador GD añade una resistencia virtual de salida (R_v = 12 Ω) durante el cortocircuito. El transformador GD, R_v y las impedancias de la línea de conexión se representan como Z_1 en la Figura 41. El GD alimenta a una carga resistiva (1,5 kW) y a cuatro vehículos eléctricos que se están cargando (corriente nominal de los vehículos eléctricos *I* nominal = 3 A).

Los inversores de potencia que emulan el VE también están conectados a través de transformadores estrella-triángulo. Las impedancias Z_2 a Z_5 emulan las impedancias del transformador y de la línea que conectan los vehículos eléctricos a la μG. El cortocircuito que induce la caída de tensión se produce en los terminales de la carga, cerca de EV_5. La caída de tensión se produce conectando una resistencia línea a línea (R_{sc} = 2 Ω) entre la fase *a* y la fase *b* durante 0,6 s y se elimina desconectando esta resistencia.

Cada nodo de potencia está construido con un convertidor trifásico de puente completo Guasch MTL-CBI0060F12IXHF de 1,9 kVA, equipado con un filtro LCL. Una fuente de CC Cinergia B2C+ de 12 kVA y cuatro cuadrantes emula las fuentes de energía primarias para el GD y los vehículos eléctricos. Los GD y los VE son controlados por controladores locales, un DSP de punto flotante Texas Instruments F28M36 de doble núcleo. El núcleo DSP C28 se utiliza para fines de control y el núcleo M3 conforma un enlace Ethernet a través del protocolo UDP. El GD utiliza la red de comunicaciones para enviar a los VE la consigna de control (EDG2EV) que deshabilita el aumento de I_p^+ cuando se alcanza la tensión máxima permitida en la salida del GD.

4.4.1 Inyección de corriente de secuencia positiva en lazo abierto

La Figura 39 ilustra el comportamiento del nodo GD, fuente de tensión durante el cortocircuito. Antes de t = 0 s, se están cargando los cuatro vehículos eléctricos (I_p^+ = -1A). El GD suministra las corrientes 4 A y 6 A a la carga. En t = 0 s, se conecta R_{sc} lo que provoca la sobrecorriente y, cuando es detectada por el GD, activa la resistencia virtual en su tensión de salida. Esta acción limita la corriente de salida a 12 A, protegiendo el inversor del GD. El efecto adverso, que no se puede controlar, es una caída repentina y profunda de tensión desequilibrada. La tensión de salida de secuencia positiva (V_1^+) del GD se reduce de 150 a 60 V y aparece una tensión de secuencia negativa (V_1^-) de 40 V. Entre 0 y 0,3 s, los cuatro vehículos eléctricos dejan de cargarse (I_p^+ = 0 A) para demostrar la profundidad de la caída sin ningún soporte de tensión. En t = 0,3 s, los cuatro vehículos eléctricos comienzan la inyección de potencia activa (I_p^+ = 1A). Las propiedades del soporte de tensión de esta inyección se pueden ver en las tensiones de red y, más claramente, en el incremento apreciable de V_1^+. El acoplamiento entre secuencias descrito anteriormente se aprecia en el aumento no deseado de V_1^-.

La Figura 40 muestra las tensiones y corrientes en la salida de EV_2. Como puede verse, antes de t = 0 s, el VE está absorbiendo corriente activa (cargando). Entre 0 y 0,3 s, el VE se vuelve inactivo después de un transitorio. En t = 0.3 s, los cuatro VE comienzan a inyectar potencia activa y sus secuencias de tensión, V_2^+ y V_2^-, siguen casi el mismo incremento que la tensión de salida del GD. La secuencia positiva V_2^+ aumenta 18 V, de 60 a 78 V. Teniendo en cuenta que los cuatro VE están inyectando 1 A, la ganancia de 15 dB a 60 Hz en la Figura 34 corresponde a una impedancia equivalente v_2^+/I_2^+ de 5,6 Ω, por lo que se espera un aumento de 22 V. Es aproximadamente el incremento medido. En la Figura 35, la impedancia equivalente prevista $v_2^-/\overline{I_2^+}$ es 3,1 Ω y, debido a que los cuatro VEs están inyectando 1A, se obtiene un incremento de 12,4 V. En la Figura 40, El incremento de secuencia negativa medido es de 11 V, de 43 a 54 V. Es aproximadamente el valor previsto.

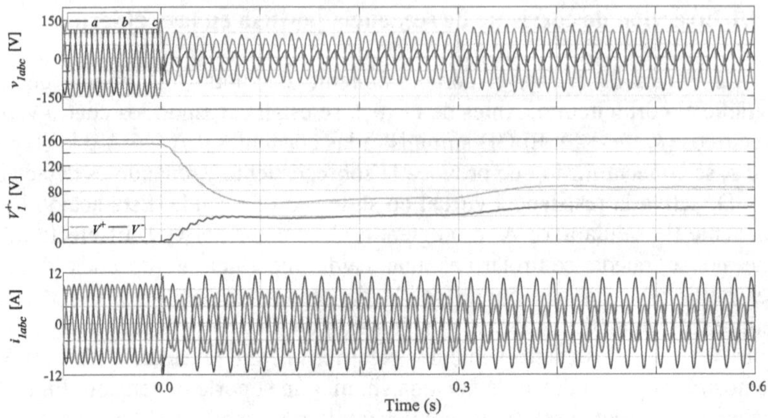

Figura 39: *Tensiones y corrientes del GD en lazo Abierto con* I_p^+ = *1* A y I_q^+ = *0* A [130]

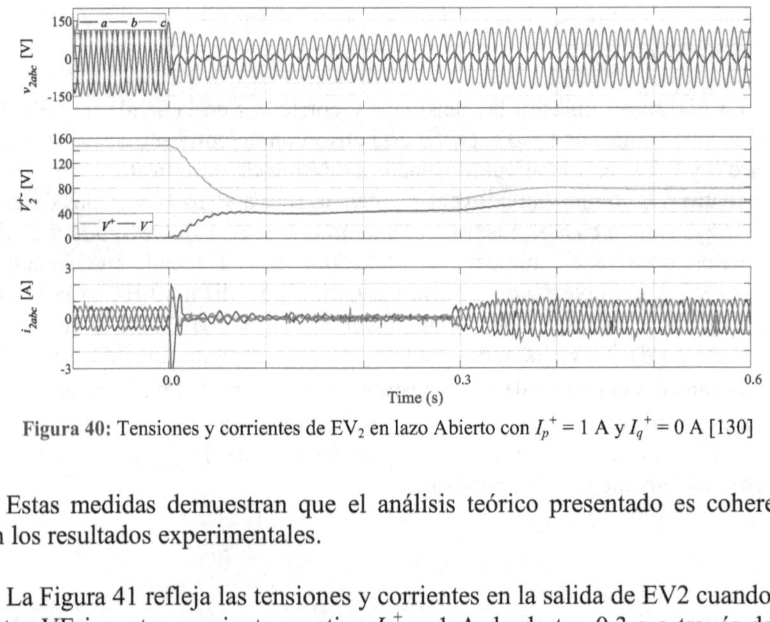

Figura 40: Tensiones y corrientes de EV_2 en lazo Abierto con I_p^+ = 1 A y I_q^+ = 0 A [130]

Estas medidas demuestran que el análisis teórico presentado es coherente con los resultados experimentales.

La Figura 41 refleja las tensiones y corrientes en la salida de EV2 cuando los cuatro VE inyectan corriente reactiva I_q^+ = 1 A desde t = 0,3 s a través de un protocolo LVRT convencional.

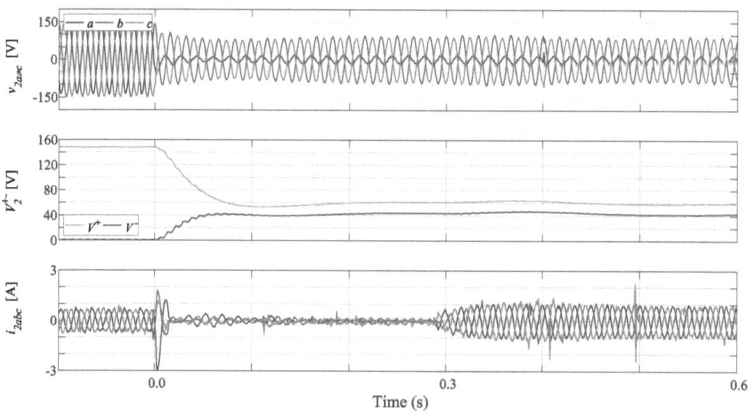

Figura 41: Tensiones y corrientes de EV_2 en lazo Abierto con $I_p^+ = 0$ A y $I_q^+ = 1$ A [130]

4.4.2. Soporte de tensión en lazo cerrado.

La Figura 42 representa todas las tensiones de fase de salida y las amplitudes de las corrientes de fase de los nodos generadores, cuando se usa el control propuesto de la Figura 46. EVs I_{rated} está configurado en 3A. Como se puede observar, la tensión de la fase *b* del GD (en rojo) alcanza su valor nominal (mostrado con una línea de guiones negra) y luego, este nodo activa la señal EDG2EV que evita la sobretensión en el GD. Cuando se transmite esta señal, los vehículos eléctricos limitan sus corrientes activas a un valor inferior a 3 A. El esfuerzo coordinado de los cuatro VE produce un aumento considerable en las tensiones de fase. V_I^+, que aquí no se muestra, se incrementa de 60 a 100 V, y el aumento de V_I^- es de 43 a 64 V. Por lo tanto, se puede concluir que se han alcanzado con éxito los objetivos de control: soportar la tensión de la red sin sobrepasar los límites de tensión admitidos.

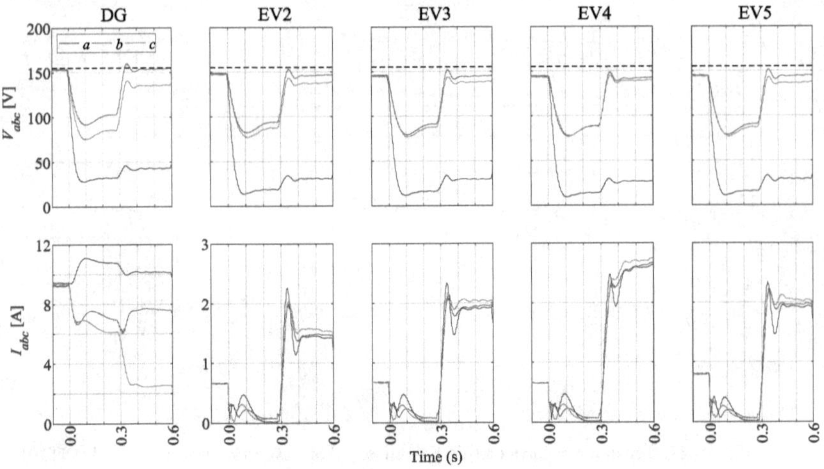

Figura 42: *Amplitudes de tensiones y corrientes de fase con control en lazo cerrado* [130]

5 Contribución 3: Compensación remota de desbalanceo de tensión basada en red virtual

Finalmente, a continuación, se presenta la tercera contribución de esta tesis doctoral que ha sido publicada en ISIE2024-33th International Symposium on Industrial Electronics, Ulsan, South Korea, con el título "Distributed Generator with Virtual Grid-based Remote Voltage Unbalance Compensation and Maximum Current Limiting" [141].

5.1 Introducción

Este trabajo propone un esquema de control para la eliminación de tensión de secuencia negativa remota en inversores conectados a red. El control propuesto se basa en un enfoque con características intermedias entre [107]-[112] que no utilizan el sistema de comunicación para el control y [113] con alto tráfico de datos de control. Los aportes de este trabajo son los siguientes:

1) Para la compensación de tensión, se amplía la aplicación del concepto de tensión de red virtual propuesto en [142]. En esta propuesta, se utiliza por primera vez este concepto para eliminar la tensión de secuencia negativa en cualquier punto remoto del sistema de potencia.

2) Para proteger el inversor, se implementa un control de corriente máxima. El algoritmo reduce la potencia activa y aumenta la tensión de secuencia negativa cuando se excede la corriente soportada por el inversor.

El control planteado tiene un bajo tráfico de datos de control con un alto rendimiento. Hay aplicaciones donde estas características son muy apreciadas como, por ejemplo, en zonas rurales donde los sistemas de comunicación son de bajo rendimiento.

La Figura 43 muestra el esquema del sistema de potencia considerado en este estudio. Está formado por buses eléctricos y cargas (numerados como i y j), un inversor de potencia y un transformador (numerado como i) y, líneas eléctricas que conectan los buses i a j. El inversor de potencia funciona como fuente de corriente, inyectando la corriente $\bar{i}_i$ a la red. Las tensiones de bus v_i y v_j están marcados en el bus correspondiente en la figura. La red se modela como una fuente de tensión en serie con la impedancia de la red. Se desconoce la impedancia de la red y se debe medir para el control propuesto. La Figura 43 ilustra el esquema de control del inversor i. En el diagrama, las flechas naranjas indican señales de entrada y salida locales como la potencia activa de referencia,

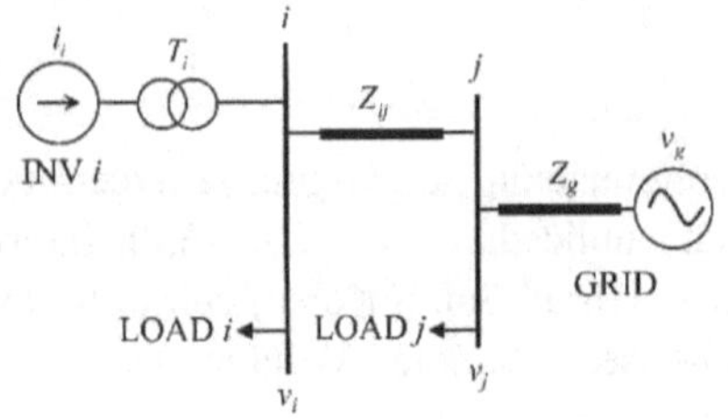

Figura 43: *Inversor conectado a red* [141]

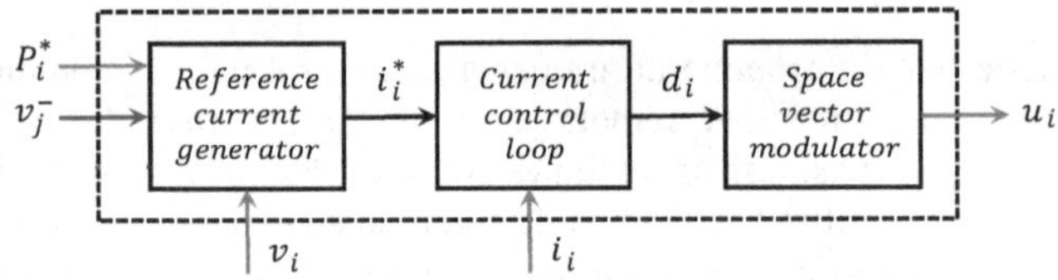

Figura 44: *Esquema de control de compensación de desbalanceo de tensión en el inversor i* [141]

la tensión y la corriente del inversor y las señales de activación para los interruptores de alimentación. Las flechas en azul representan señales remotas recibidas del sistema de comunicación y es la tensión de secuencia negativa que se va a eliminar. El diagrama de bloques de la Figura 44 está formado por un bloque "reference current generator" que implementa los algoritmos propuestos en este trabajo, incluidas la compensación de desequilibrio de tensión y la limitación de corriente máxima. El bloque "current control loop" implementa un controlador proporcional + resonante [143]-[145]. Finalmente, los pulsos PWM, que controlan los transistores IGBT del inversor, son generados por el bloque "space vector modulator".

Los objetivos de control son:

1) Inyectar la potencia activa especificada por la potencia activa de referencia:

$$P_i = P_i^* \qquad (171)$$

2) Regular la amplitud de la tensión de secuencia negativa remota V_j^- a su referencia. Esta tensión se elimina estableciendo la referencia en 0:

$$V_j^- = (V_j^-)^* = 0 \qquad (172)$$

3) Limitar la corriente máxima del inversor I_{max} a su valor nominal I_{nom}:

$$I_{max,i} \leq I_{nom,i} \tag{173}$$

donde

$$I_{max,i} = \max(I_{ai}, I_{bi}, I_{ci}) \tag{174}$$

y I_{ai}, I_{bi} y I_{ci} son las amplitudes de las corrientes de fase.

5.2 Obtención de las corrientes de referencia

La Figura 45 muestra el diagrama del generador de corriente de referencia propuesto en este estudio. Igual que en la Figura 44, las flechas naranja y azul indican las señales locales y recibidas en el inversor *i*.

En la Figura 43, la tensión de secuencia negativa de la red v_g^- es desconocida. La Figura 46 (a) representa gráficamente cómo se estima esta tensión, utilizando el concepto de red virtual que permite calcular la tensión de red virtual de secuencia negativa v^-_{vi}. En esta figura, el inversor *i* está conectado directamente al bus *i* y la tensión v^-_{vi} se define en un punto conectado al bus *i* a través de la inductancia virtual L_{vi}. En este estudio, se considera un seguimiento perfecto en el lazo de control para que

$$\mathrm{i}_i^- = (\mathrm{i}_i^-)^*. \tag{175}$$

La tensión de la red virtual se puede escribir como:

$$v_{vi}^- = v_i^- - L_{vi}\frac{d\left(i_i^-\right)^*}{dt} \tag{176}$$

En la Figura 43, *j* es un bus remoto para el inversor conectado en el bus *i*. Por lo tanto, a medida que el sistema de comunicación recibe la tensión v_j^-, la tensión de la red virtual se puede expresar como (Figura 46 (b)):

$$v_{vi}^- = v_j^- - L_{vi}\frac{d\left(i_i^-\right)^*}{dt} \tag{177}$$

En la Figura 45, el extractor de secuencia de tensión se utiliza para obtener la componente de secuencia positiva de tensión de salida del inversor v_i^+. Además, se requiere un extractor de secuencia de tensión para estimar la componente de secuencia negativa de la tensión v_j^- en el bus *j*.

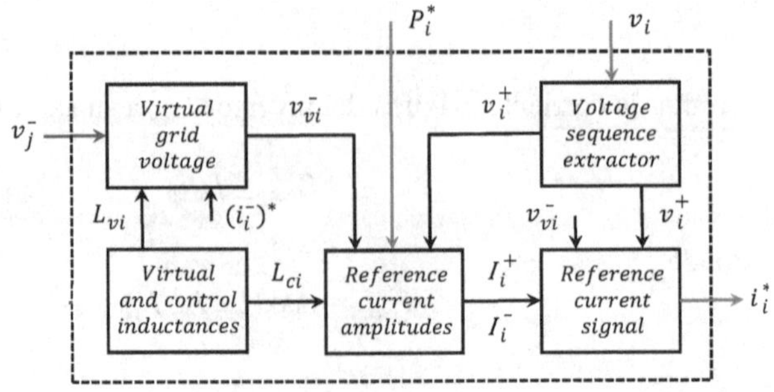

Figura 45: *Generador de corrientes de referencias en el inversor i* [141]

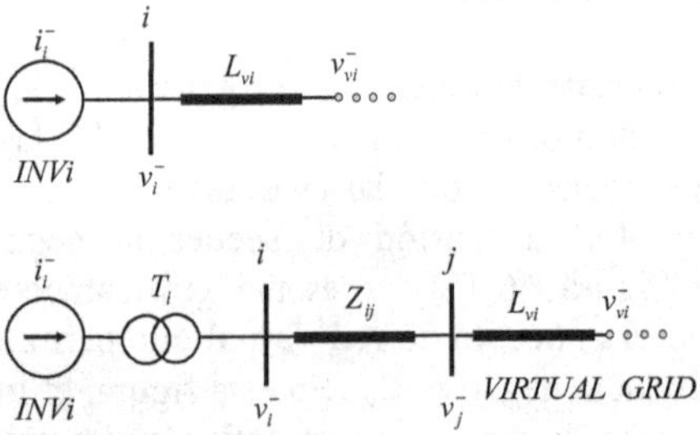

Figura 46: *Red virtual para inversor i: circuito equivalente (a) en* [142] *y (b) propuesto en este estudio* [141]

Como punto de partida, se supone que la potencia activa suministrada por el inversor *i* tiene sólo un componente de secuencia positiva y se puede escribir como:

$$P_i = \frac{3}{2} V_i^+ I_i^+ , \tag{178}$$

donde V_i^+ es la amplitud de la tensión v_i^+ de la Figura 45.

Sustituyendo (171) en (178) y despejando I_i^+, se tiene:

$$I_i^+ = \frac{3}{2} \frac{P_i^*}{V_i^+} . \tag{179}$$

Analizando el circuito de la Figura 46 (b), se obtiene la corriente de referencia I_i^- que cumple con el objetivo de control (2)

$$I_i^- = \frac{V_j^- - V_{vi}^-}{-\omega_0 L_{vi}}, \tag{180}$$

donde $-\omega_o$ es la frecuencia angular de las tensiones y corrientes de secuencia negativa. Sustituyendo (172) en (180), la tensión de secuencia negativa en el bus j se elimina haciendo

$$I_i^- = \frac{(V_j^-)^* - V_{vi}^-}{-\omega_0 L_{vi}} = \frac{V_{vi}^-}{-\omega_0 L_{vi}} \tag{181}$$

En la práctica, pueden ocurrir problemas de sobrecorriente transitoria cuando (181) se activa. Para solucionar este problema, se utiliza un filtro de paso bajo con frecuencia de corte. Además, la inductancia virtual en (181) se sustituye por la inductancia de control para tener un segundo parámetro de control y, por tanto, un mayor grado de libertad en el diseño del control. Teniendo esto en cuenta, la dinámica de la amplitud de la corriente de secuencia negativa de referencia es:

$$\frac{dI_i^-}{dt} = \omega_c \left(\frac{V_{vi}^-}{\omega_0 L_{vi}} - I_i^- \right). \tag{182}$$

Finalmente, el objetivo de control (3) se cumple activando el algoritmo de limitación de corriente máxima cuando el inversor detecta una sobrecorriente ($I_{max,i} > I_{nom,i}$). En este caso, este algoritmo reduce la corriente máxima haciendo $I_{max,i} = I_{nom,i}$. Esta reducción de corriente hace que el inversor no tenga suficiente capacidad de corriente para alcanzar los objetivos (1) y (2). Por consiguiente, el inversor sufre tanto una reducción de potencia activa ($P_i < P_i^*$) como una reducción de la tensión de secuencia negativa ($V_j^- > 0$).

$$I_i^+(new) = \frac{I_{nom,i}}{I_{\max,i}} I_i^+(old) \tag{183}$$

$$I_i^-(new) = \frac{I_{nom,i}}{I_{\max,i}} I_i^-(old) \tag{184}$$

Utilizando (183) y (184), la reducción expresada de corriente se cumple manteniendo las formas de onda sinusoidales en las corrientes de fase.

Para calcular la corriente $I_{max,i}$ en (183) y (184), se mide la corriente del inversor i_i, se calculan las amplitudes de corriente de fase I_{ai}, I_{bi} y I_{ci} y se aplica la fórmula $I_{max,i} = \max(I_{ai}, I_{bi}, I_{ci})$, lo que supone un retraso en el tiempo. Una manera más rápida es utilizar las corrientes de fase de referencia en lugar de las corrientes de fase medidas.

$$I_{max,i} = \max(I_{ai}^*, I_{bi}^*, I_{ci}^*) \tag{185}$$

Donde

$$I_{ai}^* = \sqrt{\left(I_i^+\right)^2 + \left(I_i^-\right)^2 + 2I_i^+ I_i^- \sin(\varphi)} \tag{186}$$

$$I_{bi}^* = \sqrt{\left(I_i^+\right)^2 + \left(I_i^-\right)^2 + 2I_i^+ I_i^- \sin(\varphi + 2\pi/3)} \tag{187}$$

$$I_{ci}^* = \sqrt{\left(I_i^+\right)^2 + \left(I_i^-\right)^2 + 2I_i^+ I_i^- \sin(\varphi - 2\pi/3)} \tag{188}$$

La corriente de referencia se puede escribir con sus componentes de secuencia positiva y de secuencia negativa:

$$i_i^* = (i_i^+)^* + (i_i^-)^* = \frac{v_i^+}{V_i^+} I_i^+ + \frac{(v_{vi}^+)_\perp}{V_{vi}^-} I_i^- \tag{189}$$

donde $(v_{vi}^-)_\perp$ es la componente de cuadratura de v_{vi}^-

De (181), la inductancia virtual se puede escribir como:

$$L_{vi} = \frac{V_{vi}^-}{\omega_0 I^-} \tag{190}$$

La principal limitación del control propuesto es que, en (190), I^- depende Z_g. Esta relación se obtiene de la Figura 51 como:

$$I^- = \frac{V_j^- - V_g^-}{\zeta_{ij} Z_{ij} + Z_g}, \tag{191}$$

donde Z_{ij} es la impedancia entre el bus i y el bus j. En (191), ς_{ij} es un factor que tiene en cuenta las corrientes de secuencia negativa que fluyen a través de la impedancia Z_{ij}.

Otro punto importante en (190) es que debe ser mayor que 0 para evitar problemas en el cálculo de (189). Para conseguir esto, se establece un valor proporcional a través de la ganancia del control de tensión.

$$V_{vi}^{-} = \mu V_{g}^{-}. \tag{192}$$

El valor final de la inductancia virtual se obtiene forzando que el objetivo de control (2) se alcance sustituyendo (172) en (191) y la expresión resultante en (192).

$$L_{vi} = \frac{\mu(\zeta_{ij} Z_{ij} + Z_{g})}{\omega_0} \tag{193}$$

Teniendo en cuenta (193), la inductancia de control se puede escribir como:

$$L_{ci} = \lambda L_{vi} \tag{194}$$

donde λ es una ganancia de control.

5.3 Resultados experimentales

La Figura 47 muestra el sistema de potencia de laboratorio utilizado. El inversor tiene una configuración de puente completo IGBT trifásico (Guasch, MTL-CBI0060F12IXHF) y se alimenta mediante una fuente de alimentación de CC (Amrel, SPS800-19). El inversor está controlado por un DSP de doble núcleo con un procesador de control C28 y un procesador de comunicaciones M3 (TI, Concerto F28M36P63C). En el bus 2, se conecta una tarjeta de sensado para medir la tensión.

Los valores de los componentes del sistema de potencia se especifican en la Tabla X. El sistema de potencia se conecta a una fuente de alimentación CA (Pacific Power, 360AMX-UPC32) que emula la red eléctrica y la impedancia de la red es medida.

Para facilitar la evaluación del funcionamiento del control propuesto, la prueba se realiza con diferentes características en cada intervalo de tiempo como se muestra en la Tabla XI. Este inicio secuencial no es necesario en la práctica, pero ayuda a mostrar cómo opera el control.

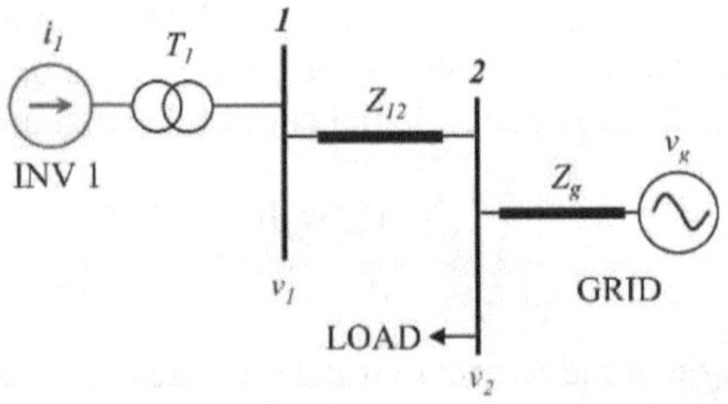

Figura 47: *Sistema de potencia de laboratorio* [141]

TABLA X
VALORES NOMINALES DE LOS COMPONENTES DEL SISTEMA DE POTENCIA

Descripción	Simbolo	Valor nominal
Escenario de alta potencia	P_{iH}^*	1000 W
Escenario de baja potencia	P_{iL}^*	100 W
Corriente nominal del inversor	$I_{nom,i}$	7 A (pico)
Tensión de fase (linia-neutro)	V_o	$110\sqrt{2}$ V (pico)
Tensión de secuencia negativa de la red	V_g^-	5 V (pico)
Frequencia angular	ω_0	2π 60 rad/s
Impedancia de linea	Z_{12}	0.02 + j 0.75 Ω
Periodo de conmutación	h, T_s	100 μs
Periodo de transmisión	T_r	100 ms
Frecuencia de corte del filtro pasa bajo	ω_c	2π rad/s
Ganancia de control de tensión	μ	2
Ganancia de control de la inductancia	λ	1.025

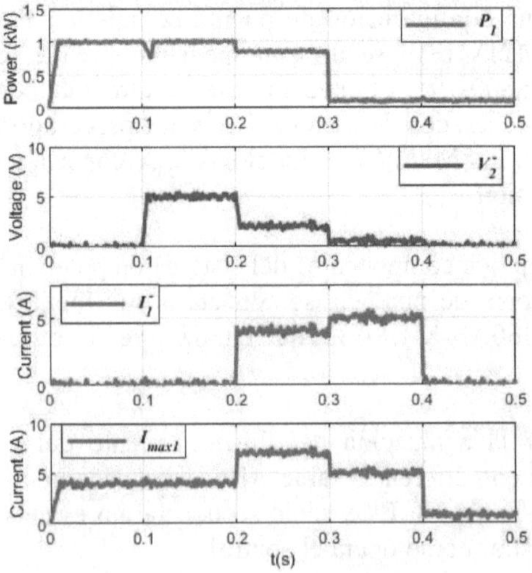

Figura 48: *Resultados experimentales*

5.3.1 Eliminación remota de la tensión de secuencia negativa en el bus 2

La Figura 48 ilustra las formas de onda medidas en la prueba que valida experimentalmente la capacidad del control propuesto para eliminar remotamente la tensión de secuencia negativa en cualquier punto del sistema de potencia. Las formas de onda en la Figura 47 muestran que, en el escenario de alta potencia (0,2 s < t < 0,3 s), la corriente máxima del inversor $I_{max,1}$ es igual a la corriente nominal $I_{nom,i}$, lo que significa que el control de pico de corriente se activa, cortando la corriente inyectada por el inversor, de manera que también se cumple el objetivo de control número 3. La activación del algoritmo de limitación de corriente máxima produce una reducción de la potencia activa P_1 inyectada por el inversor *1* y un aumento de la tensión V_2^-. En el escenario de baja potencia, después de t > 0.3 s, se cumplen todos los objetivos de control ya que el inversor proporciona corriente de secuencia negativa al sistema de potencia sin exceder su corriente máxima. En el escenario de baja potencia (0,3 s < t < 0,4 s), el inversor *1* inyecta la potencia activa P_1 especificada por la potencia activa de referencia P_{iL}*. La corriente de secuencia negativa inyectada I_1^- es igual a la corriente máxima $I_{max,1}$ (la corriente de secuencia positiva en este caso es casi insignificante). La tensión V_2^- prácticamente se elimina (el error es inferior al 4%) cumpliendo con el objetivo de control número 2.

La Tabla XI muestra cómo, inicialmente, en el intervalo de tiempo 0 s < t < 0,1 s, la red está equilibrada. Por lo tanto, el control remoto de eliminación de tensión de secuencia negativa y el control limitador de corriente están inactivos. En este intervalo de tiempo, el inversor opera en un escenario de alta potencia e inyecta la potencia activa de referencia P_{iH}*. En el intervalo de tiempo 0.1 s < t < 0.2 s, se programa un desequilibrio en la fuente AC con una amplitud de tensión de secuencia negativa V_g^- de 5 V. El control permanece inactivo, por lo que se mide una tensión remota de secuencia negativa V_2^- de 5 V, mientras el inversor continúa funcionando en el escenario de alta potencia. En el intervalo 0,2 s < t < 0,3 s, se activan el control remoto de tensión de secuencia negativa y el control limitador de corriente. Como el inversor opera en el escenario de alta potencia, no tiene suficiente corriente para entregar toda la potencia solicitada. Por lo tanto, el inversor entra en el modo de reducción de potencia activa al habilitar el control de limitación de corriente. En este caso, la tensión de secuencia negativa no se puede eliminar por completo, cayendo de 5 V a 2 V. En el intervalo 0,3 s < t < 0,4 s, el inversor opera en un escenario de baja potencia y la corriente máxima inyectada no alcanza el valor máximo admisible, de modo que el control de limitación de corriente está inactivo. Por consiguiente, el inversor reduce la tensión de secuencia negativa de 5 V a 0,2 V (es decir, la tensión de secuencia negativa prácticamente se elimina). Finalmente, en el intervalo 0,4 s < t < 0,5 s, finaliza la situación de desequilibrio de la red y el inversor funciona en un escenario de baja potencia.

TABLA XI
REALIZACION DE LA PRUEBA EN DIFERENTES INTERVALOS DE TIEMPO

Intervalo	Condición de desbalanceo	Escenario de potencia	Control	Limitador de corriente	Potencia activa	Tensión remota
0 s < t < 0.1 s	$V_g^- = 0\ V$	High	Inactivo	Inactivo	P_{iH}^*	$V_2^- = 0\ V$
0.1 s < t < 0.2 s	$V_g^- = 5\ V$	High	Inactivo	Inactivo	P_{iH}^*	$V_2^- = 5\ V$
0.2 s < t < 0.3 s	$V_g^- = 5\ V$	High	Activo	Activo	Curtailed	$V_2^- = 2\ V$
0.3 s < t < 0.4 s	$V_g^- = 5\ V$	Low	Activo	Inactivo	P_{iL}^*	$V_2^- = 0.2\ V$
0.4 s < t < 0.5 s	$V_g^- = 0\ V$	Low	Inactivo	Inactivo	P_{iL}^*	$V_2^- = 0\ V$

6 Conclusiones y perspectivas de trabajo

6.1 Conclusiones

En el trabajo de inyección de corrientes reactivas por cada fase, se ha propuesto un esquema de control para resolver problemas de sobretensión en inversores de potencia trifásicos de tres hilos. En los inversores de tres hilos, éste es un problema complicado porque las tensiones de fase están acopladas. El control se basa en la inyección de corriente reactiva independiente para cada fase. El problema matemático resuelto (es decir, una de las aportaciones teóricas de la presente tesis) consiste en mapear las corrientes reactiva de cada fase y la potencia activa en las corrientes de secuencia positiva y negativa del inversor. Este mapeo no se había presentado previamente en la literatura.

Desde un punto de vista práctico, el esquema de control también ha incluido una técnica de limitación de corriente para establecer la amplitud máxima de las corrientes de fase a la corriente nominal en condiciones de sobrecorriente. Los resultados experimentales medidos desde un prototipo de laboratorio han permitido comparar el rendimiento del control propuesto con los obtenidos con diversas técnicas de control del estado del arte.

Este estudio ha validado la superioridad del control propuesto en situaciones de sobretensión. En concreto, en estas situaciones críticas, el control propuesto reduce la tensión de las fases por encima de V_{dbH}, aumenta la tensión de las fases por debajo de V_{dbL} y no afecta la tensión de las fases que operan en modo normal. Todas estas propiedades se logran en condiciones de corriente seguras limitando la corriente máxima cuando sea necesario. Además, estas propiedades se mantienen para diferentes valores de impedancia de la carga local.

Como observación final, la carga computacional del control propuesto se ha incrementado menos del 4,5 % en el peor de los casos, en comparación con los resultados obtenidos con las soluciones de control de última generación. Igualmente, se ha identificado el escenario de aplicación más apropiado para el control propuesto. De hecho, los resultados experimentales muestran que el soporte de tensión en redes rígidas con impedancias de línea pequeñas es muy limitado, por lo que las estrategias de inyección de corriente reactiva (incluida la propuesta) tienen poco impacto. Por lo tanto, el control propuesto es relevante en redes débiles con impedancias de línea medias a altas.

Por otra parte, en el trabajo de soporte de tensión ante un cortocircuito, se ha descrito un procedimiento en el plano complejo para modelar con precisión una microrred aislada ante una caída de tensión provocada por una sobrecorriente.

Durante la sobrecorriente, la relación de impedancias R/L de la microrred cambia debido a la inserción de grandes resistencias de salida virtuales en los nodos que forman la red. Esta resistencia virtual limita las corrientes de salida a valores seguros pero produce una caída de tensión en las tensiones de la red.

Con el análisis matemático desarrollado aquí, se puede concluir que los protocolos convencionales de baja tensión, que requieren inyección de energía reactiva para soportar la tensión de la red durante las caídas, no podrían ser la mejor opción. La propuesta ha sido considerar a los vehículos eléctricos presentes en la red como fuentes de corriente que inyectan energía activa durante el hueco para soportar la tensión. Se ha desarrollado un control en lazo cerrado para vehículos eléctricos con dos objetivos: soportar la tensión de la red y evitar sobrepasar los límites de tensión admitidos. Los resultados experimentales han demostrado la eficacia del control propuesto.

Finalmente, en el trabajo de compensación remota de desbalanceo de tensión basada en red virtual se presenta un esquema de control de compensación de tensión para inversores conectados a la red. La inyección de potencia activa, la eliminación remota de tensión de secuencia negativa y la limitación de corriente máxima son las principales características de este esquema de control. Además, la eliminación de tensión se puede realizar en cualquier punto del sistema de potencia y no sólo en la salida del inversor. En este estudio, la obtención de nuevos algoritmos de compensación de tensión se ha incluido en el análisis teórico. El rendimiento del control propuesto ha sido validado experimentalmente con un ensayo en un sistema de potencia de laboratorio.

6.2 Perspectivas de trabajo

Continuando con la línea establecida por la presente tesis doctoral, a continuación, se presentan los posibles trabajos futuros. Las tres aportaciones presentadas en este trabajo de investigación se centran en aplicaciones para inversores de tres hilos. Esta limitación obliga a prescindir de la secuencia cero en las soluciones propuestas, ya que en los inversores de tres hilos no existe conexión de neutro, que es por donde debe circular la secuencia cero. La eliminación de la secuencia cero en el control puede producir oscilaciones no deseadas, lo que afecta negativamente a la estabilidad y eficiencia del sistema.

Como futuros trabajos de investigación, parece lógico pensar en añadir la secuencia cero a los controles ya conocidos. Para ello, se puede estudiar en profundidad una solución para inversores de tres hilos que no desprecie la secuencia cero, estudiando cómo influye en las secuencias positiva y negativa, y cómo su inclusión podría mejorar la dinámica de los controles. Este enfoque permitiría desarrollar estrategias de control más robustas y eficientes, capaces de gestionar de manera óptima las variaciones y perturbaciones en la red.

Además, una línea de investigación prometedora sería la implementación de un inversor de cuatro hilos, que incluya una línea de neutro para la circulación de la secuencia cero. Esto no solo permitiría gestionar mejor las oscilaciones y mejorar la estabilidad del sistema, sino que también abriría la puerta a nuevas aplicaciones y mejoras en la eficiencia energética. La incorporación de la secuencia cero podría facilitar un control más preciso de las corrientes y tensiones en cada fase, reduciendo las interacciones no deseadas entre ellas y mejorando la calidad del suministro eléctrico.

Otra posible área de investigación futura podría involucrar la exploración de nuevas topologías de inversores y técnicas avanzadas de control que optimicen el rendimiento. Esto incluiría el desarrollo de algoritmos de control adaptativo y predictivo que puedan anticipar y compensar las fluctuaciones en tiempo real, así como la implementación de técnicas de inteligencia artificial y aprendizaje automático para mejorar la eficiencia y la resiliencia del sistema.

Finalmente, la validación experimental de estas nuevas soluciones en entornos reales y simulados sería esencial para confirmar su viabilidad y eficacia. La colaboración con la industria y otros centros de investigación podría acelerar el desarrollo y la adopción de estas tecnologías, contribuyendo a la evolución del campo de los inversores y a la mejora de la calidad y fiabilidad del suministro eléctrico. En resumen, la investigación futura en este ámbito tiene el potencial de ofrecer soluciones innovadoras y significativas para los desafíos actuales y futuros en el control de inversores y la gestión de redes eléctricas.

7 Bibliografía

[1] J. Liu. "Studies on improving Dynamic performance of microgrids by applying virtual synchronous generator control to distributed generators". *Doctoral dissertation. Graduate school of engineering*, Osaka University. 2016.

[2] E. S. Elmubarak, M. Ali. "Distributed Generation: Definitions, Benefits, Technologies & Hallenges". *Inter. Jour. of Science and Research.* vol 5, pp. 2319-7064. 2016.

[3] M. Piotrowski, G. Taraksa and C. Langley. "Technological Carbon Removal; Recent Economic and Political Trends in the United States", *Climate Advisers*. 2019.

[4] "Microgrid Controllers: Functions and Benefits". *Mesa solutions*. 2023

[5] J. Rocabert, J. Luna, A. Blaabjerg, F. Rodríguez. "Control of power converters in AC microgrids". *IEEE Trans. Power Electron.* vol. 27, no. 11, pp. 4734-4749. 2012.

[6] M. Tsili and S. Papathanassiou, "A review of grid code technical requirements for wind farms". *IET Renew. Power Generation*, vol. 3, no. 3, pp. 308-332, Sep. 2009.

[7] "P.O.12.3-Response requirements against voltage dips in wind installations," *Red Eléctrica de España (REE), Grid code*, Oct. 2006.

[8] *"P.O.12.2-connected installations to the transmission Spanish system: Minimum requirements for design and security. Grid code requirements for installations connected to the transmission system in Spain," Red Eléctrica España (REE)*, Grid code, 2012.

[9] "IEEE Standard for interconnection and interoperability of distributed energy resources with associated electric power systems interfaces". *IEEE Std 1547-2018*, pp. 1-138, Apr. 2018.

[10] "Technical requirements for the connection of generating stations to the hydro-Québec transmission system". *Hydro Québec Trans. Énergie,* Grid Code, Jan. 2019.

[11] "Implementation guideline for network code: Requirements for grid connection applicable to all generators". European *Network of Trans. Sys. Oper. for Electri.*, Tech. Rep., Oct. 2013.

[12] "Summary of the draft VDE-AR-N 4120:2017-05". VDE, Grid code, May 2017.

[13] "IEEE Draft standard for interconnection and interoperability of inverter-based resources (IBR) interconnecting with associated transmission electric power systems". *IEEE P2800/D6.0*, pp. 1-170, Mar. 2021.

[14] D. Iglesias Brandao, F. E. G. Mendes, R. Vagner Ferreira, S. Magalhaes Silva, and I. Amariz Pires. "Active and Reactive Power Injection Strategies for Three-Phase Four-Wire Inverters During Symmetrical/Asymmetrical Voltage Sags". *IEEE Trans. Industrial Electron.* vol 55, no. 3, pp. 2347-2355. 2019.

[15] *Offprint of the operation procedure O.P. 1.2: Technical requirements for wind power and photovoltaic installations and any generating facilities whose technology does not consist on a synchronous generator directly connected to the grid, Asociación Empresarial Eólica.* 2008.

[16] A. Camacho, M. Castilla, J. Miret, J. Matas, E. Alarcon-Gallo, L. G. de Vicuna, and P. Marti. "Reactive power control for voltage support during type C voltage-sags". *in Proc. 38th Annu. Conf. Industrial Electron. Soc.*, Montreal, QC, Canada, pp. 3462-3467. 2012.

[17] M.Altın, Ö. Göksu, R. Teodorescu, P. Rodriguez, B. Jensen, L. Helle. "Overview of recent grid codes for wind power integration", *in 12th Inter. Conf. on Optimization of Electric. and Electron. Equip., OPTIM* 2010, pp. 1152-1160. 2010.

[18] T. Ram Meena and Shivam. "Reactive Power Control for Grid Connected PV System based on German Grid Code", *IEEE Trans. On Industrial Electron*. no. 78, pp. 3069-3078. 2021.

[19] D. Çelik, M. Emin Meral. "Voltage support control strategy of grid connected inverter system under unbalanced grid faults to meet fault ride through requirements", *IET Gen., Trans. & Distri.*. vol. 14, pp. 3198-3210. 2020.

[20] H. Xu, Y. Zhang, R. Zhao, R Zhao and J. "Reactive current constraints and coordinated control of DFIG's RSC and GSC during asymmetric grid condition", *IEEE Trans. On Industrial Electron*. vol. 8, pp. 184339-184349. 2020.

[21] H. Mahmood, H., D. Michaelson, and J. Jiang. "Accurate Reactive Power Sharing in an Islanded Microgrid Using Adaptive Virtual Impedances", *IEEE Trans. on Power Electron*. vol. 30, no. 3, pp. 1605-1617. 2015.

[22] J. Ge, Z. Shuai, C. Tu, A. Luo and Z. John Shen. "Flexible control strategy for enhancing power injection capability of three-phase four-wire inverter during asymmetrical grid faults", *IEEE Trans. Power Electron.*, vol. 36, no. 8, pp. 9592-9608. 2021.

[23] *BDEW. Technical guideline-generating plants connected to the medium-voltage network-guideline for generating plants connection to and parallel operation with the medium-voltage network*. 2008.

[24] *Trends 2017 in photovoltaic applications: Survey Report of Selected IEA Countries between 1992 and 2016, IEA Inter. Energy Agency*. 2017.

[25] E. Troester. "New german grid codes for connecting PV systems to the medium voltage power grid*", in Proc. 2nd Int. Workshop Concentrating Photovoltaic Power Plants, Opt. Des., Prod. Grid Connection*, pp. 1-4. 2009.

[26] I. Erlich, T. Neumann, F. Shewarega, P. Schegner, and J. Meyer. "Wind turbine negative sequence current control and its effect on power system protection", *in Proc. IEEE PESGM*, pp. 1-5. 2013.

[27] Ö. Göksu, N. A. Cutululis, P. Sørensen, and L. Zeni. "Asymmetrical fault analysis at the offshore network of HVDC connected wind power plants", *in Proc. IEEE Manchester Power Tech*, pp. 1-5. 2017.

[28] *Technical Requirements for the Connection and Operation of Customer Installations to the Medium-Voltage Network (TCC Medium-Voltage), document VDE-AR-N 4110, VDE*, 2017.

[29] Ö. Göksu, R. Teodorescu, C. L. Bak, F. Iov, and P. C. Kjær. "Impact of wind power plant reactive current injection during asymmetrical grid faults", *IET Renew. Power Generation*, vol. 7, pp. 484-492. 2013.

[30] Erickson, M.J., T.M. Jahns, and R.H. Lasseter. "Improved power control bandwidth of grid forming sources in a CERTS microgrid", *in Proceedings of the 2012 IEEE Energy Conversion Congress and Exposition. Piscataway, NJ: Institute of Electrical and Electronics Engineers*, pp. 2366-2373. 2012.

[31] A. Camacho, M. Castilla, J. Miret, A. Borrell, and L. G. de Vicuna. "Active and reactive power strategies with peak current limitation for distributed generation inverters during unbalanced grid faults*", IEEE Trans. Industrial Electron.*, vol. 62, no. 3, pp. 1515-1525. 2015.

[32] T. Wijnhoven, G. Deconinck, T. Neumann, and I. Erlich. "Control aspects of the dynamic negative sequence current injection of type 4 wind turbines", *in Proc. IEEE PESGM*, pp. 1-5. 2014.

[33] M. Castilla, J. Miret, J. L. Sosa, J. Matas, and L. G. de Vicuña. "Grid-fault control scheme for three-phase photovoltaic inverters with adjustable power quality characteristics", *IEEE Trans. Power Electron.*, vol. 25, no. 12, pp. 2930-2940. 2010.

[34] S. Chaudhary, R. Teodorescu, P. Rodriguez, P. C. Kjaer, and A. M. Gole. "Negative sequence current control in wind power plants with VSC-HVDC connection", *IEEE Trans. Sustain. Energy*, vol. 3, no. 3, pp. 535-544. 2012.

[35] M. Mirhosseini, J. Pou, and V. G. Agelidis. "Individual phase current control with the capability to avoid overvoltage in grid connected photovoltaic power plants under unbalanced voltage sags", *IEEE Trans. Power Electron.*, vol. 30, no. 10, pp. 5346-5351. 2015.

[36] Lasseter, R., et al. Integration of distributed energy resources: The CERTS microgrid concept. Berkeley, CA: Lawrence Berkeley National Laboratory, 2002.

[37] J. Jia, G. Yang, and A. H. Nielsen. "Investigation of grid-connected voltage source converter performance under unbalanced faults", *in Proc. IEEE PES APPEEC*, pp. 609-613. 2016.

[38] S. Mortazavian, M. M. Shabestary, and Y. A.-R. I. Mohamed. "Analysis and dynamic performance improvement of grid-connected voltage–source converters under unbalanced network conditions", *IEEE Trans. Power Electron.*, vol. 32, no. 10, pp. 8134-8149. 2017.

[39] A. Moawwad, M. S. El Moursi, and W. Xiao, "A novel transient control strategy for VSC-HVDC connecting offshore wind power plant", *IEEE Trans. Sustain. Energy*, vol. 5, no. 4, pp. 1056-1069. 2014.

[40] F. Wang, J. L. Duarte, and M. A. M. Hendrix. "Pliant active and reactive power control for grid-interactive converters under unbalanced voltaje dips", *IEEE Trans. Power Electron.*, vol. 26, no. 5, pp. 1511-1521. 2011.

[41] S. Alepuz et al., "Control strategies based on symmetrical components for grid-connected converters under voltage dips", *IEEE Trans. Industrial Electron.*, vol. 56, no. 6, pp. 2162-2173. 2009.

[42] M. A. A. Rani, C. Nagamani, G. S. Ilango, and A. Karthikeyan. "An effective reference generation scheme for DFIG with unbalanced grid voltage", *IEEE Trans. Sustain. Energy*, vol. 5, no. 3, pp. 1010-1018. 2014.

[43] P. Rodríguez, A. Timbus, R. Teodorescu, M. Liserre, and F. Blaabjerg. "Reactive power control for improving wind turbine system behavior under grid faults", *IEEE Trans. Power Electron.*, vol. 24, no. 7, pp. 1798-1801. 2009.

[44] A. Junyent Ferré, O. Gomis Bellmunt, T. C. Green, and D. E. Soto Sanchez. "Current control reference calculation issues for the operation of renewable source grid interface VSCs under unbalanced voltage sags". *IEEE Trans. Power Electron.*, vol. 26, no. 12, pp. 3744-3753. 2011.

[45] M. A. Garnica, L. G. de Vicuña, J. Miret,M. Castilla, and R. Guzmán. "Control strategy for grid connected three-phase inverters during voltage sags to meet grid codes and to maximize power delivery capability", *IEEE Trans. Power Electron.*, vol. 33, no. 11, pp. 9360-9374. 2018.

[46] A. Camacho, M. Castilla, J. Miret, J. C. Vasquez, and E. Alarcón. "Flexible voltage support control for three-phase distributed generation inverters under grid fault", *IEEE Trans. Power Electron.*, vol. 60, no. 4, pp. 1429-1440. 2013.

[47] J. Miret, A. Camacho, M. Castilla, L. G. de Vicuña, and J. Matas. "Control scheme with voltage support capability for distributed generation inverters under voltage sags", *IEEE Trans. Power Electron.*, vol. 28, no. 11, pp. 5252-5262. 2013.

[48] A. Camacho, M. Castilla, J. Miret, R. Guzman, and A. Borrell. "Reactive power control for distributed generation power plants to comply with voltage limits during grid faults", *IEEE Trans. Power Electron.*, vol. 29, no. 11, pp. 6224-6234. 2014.

[49] Y. Wang, P. Yang, and Z. Xu. "Flexible voltage support control with imbalance mitigation capability for inverter-based distributed generation power plants under grid faults", *J. Power Electron.*, vol. 16, no. 4, pp. 1551-1564. 2016.

[50] M. M. Shabestary and Y. A. I. Mohamed. "Advanced voltage support and active power _ow control in grid-connected converters under unbalanced conditions", *IEEE Trans. Power Electron.*, vol. 33, no. 2, pp. 1855-1864. 2018.

[51] A. Camacho, M. Castilla, J. Miret, L. G. de Vicuna, and R. Guzman. "Positive and negative sequence control strategies to maximize the voltage support in resistive inductive grids during grid faults", *IEEE Trans. Power Electron.*, vol. 33, no. 6, pp. 5362-5373. 2018.

[52] A. Camacho, M. Castilla, J. Miret, L. G. de Vicuna, and G. L. M. Andres. "Control strategy for distribution generation inverters to maximize the voltage support in the lowest phase during voltage sags", *IEEE Trans. Industrial Electron.*, vol. 65, no. 3, pp. 2346-2355. 2018.

[53] A. Camacho, M. Castilla, J. Miret, P. Marti, and M. Velasco. "Maximizing positive sequence voltage support in inductive-resistive grids for distributed generation inverters during voltage sags", *in Proc. 42nd Annu. Conf. Industrial Electron. Soc.*, Florence, Italy, pp. 2343-2348. 2016.

[54] J. Miret, A. Camacho, M. Castilla, J. L. García de Vicuña, and J. Hoz. "Reactive current injection protocol for low-power rating distributed generation sources under voltage sags", *IET Power Electron.*. vol. 8, no. 6, pp. 879-886. 2015.

[55] D. Çelik and M. E. Meral, "Voltage support control strategy of gridconnected inverter system under unbalanced grid faults to meet fault ride through requirements". *IET Gener., Transmiss. Distrib.*, vol. 14, no. 16, pp. 3198_3210, Aug. 2020.

[56] M. Garnica, L. G. de Vicuna, J. Miret, M. Castilla, and R. Guzman, "Optimal voltage-support control for distributed generation inverters in RL grid-faulty networks". *IEEE Trans. Ind. Electron.*, vol. 67, no. 10, pp. 8405_8415, Oct. 2020.

[57] N. Afrin, F. Yang, and J. Lu, "Voltage support strategy for PV inverter to enhance dynamic voltage stability of islanded microgrid". *Int. J. Electr. Power Energy Syst.*, vol. 121, pp. 1-10, Oct. 2020.

[58] H. Liu, J. Zhou, W. Wang, and D. Xu, "Droop control scheme of a three-phase inverter for grid voltaje unbalance compensation". *J. Power Electron.*, vol. 18, no. 4, pp. 1245-1254, Jul. 2018.

[59] Y. Zhang, M. G. L. Roes, M. A. M. Hendrix, and J. L. Duarte, "Symmetric-component decoupled control of grid-connected inverters for voltage unbalance correction and harmonic compensation". *Int. J. Electr. Power Energy Syst.*, vol. 115, Feb. 2020, Art. no. 105490.

[60] H. D. Tafti and A. I. Maswood, “A review of active/reactive power control strategies for PV power plants under unbalanced grid faults” in *Proc. IEEE Innov. Smart Grid Technol. Asia (ISGT ASIA)*, Bangkok, Thailand, Nov. 2015, pp. 1-6.

[61] S. R. Mohapatra and V. Agarwal, “An advanced voltage support scheme considering the impact of zero-sequence voltage under microgrid faults using model predictive control” *IEEE Trans. Ind. Electron.*, vol. 67, no. 10, pp. 8957-8968, Oct. 2020.

[62] New ERA for Electricity in Europe Distributed Generation: Key Issuses, Challenges and Proposed Solutions, European Commission, Brussels, Belgium, 2003.

[63] A. Mishra and K. Chatterjee, “Flicker attenuation using FACTS device for DFIG-based WECS connected to distribution network”. *IEEE Systems Journal*, vol. 17, no. 1, pp. 282-293, Mar. 2023.

[64] S. D. Swain, P. K. Ray, and K. B. Mohanty, “Improvement of power quality using a robust hybrid series active power filter”. *IEEE Trans. Power Electron.*, vol. 32, no. 5, pp. 3490-3498, May 2017.

[65] P. Salmeron and S. P. Litran, “Improvement of the electric power quality using series active and shunt passive filters”. *IEEE Trans. Power Deliv.*, vol. 25, no. 2, pp. 1058-1067, Apr. 2010.

[66] G. Kou et al., “Load rejection overvoltage of utility-scale distributed solar generation”. *IEEE Trans. Power Delivery*, vol. 35, no. 4, pp. 2113-2116, Aug. 2020.

[67] S. N. Salih and P. Chen, “On coordinated control of OLTC and reactive power compensation for voltage regulation in distribution systems with wind power”. *IEEE Trans. Power Syst.*, vol. 31, no. 5, pp. 4026-4035, Sep. 2016.

[68] C. Lin, W. Wu, B. Zhang, B. Wang, W. Zheng and, Z. Li, “Decen-tralized reactive power optimization method for transmission and distribution networks accommodating large-scale DG integration”. *IEEE Trans. Sustain. Energy*, vol. 8, no. 1, pp. 363-373, Jan. 2017.

[69] T. Q. Fonsêca, R. L. A. Ribeiro, T. d. O. A. Rocha, F. B. Costa, and J. M. Guerrero, “Voltage grid supporting by using variable structure adaptive virtual impedance for LCL-voltage source converter DG converters”. *IEEE Trans. Ind. Electron.*, vol. 67, no. 11, pp. 9326-9336, Nov. 2020.

[70] D. Moutevelis, J. Roldan-Perez, N. Jankovic, and M. Prodanovic, “Recursive secondary controller for voltage profile improvement based on primary virtual admittance control”. *IEEE Trans. Smart Grid*, vol. 14, no. 6, pp. 4296-4311, Nov. 2023.

[71] A. S. Vijay, S. Doolla, and M. C. Chandorkar, “Varying negative sequence virtual impedance adaptively for enhanced unbalanced power sharing among DGs in islanded AC microgrids”. *IEEE Trans. Energy Conver.*, vol. 36, no. 4, pp. 3271-3281, Dec. 2021.

[72] S. Maganti and N. P. Padhy, “A feedback-based flexible compensation strategy for a weak-grid-tied current-controlled converter under unbalanced and harmonic conditions”. *IEEE Trans. Ind. Applic.*, vol. 58, no. 6, pp. 7739-7753, Nov.-Dec. 2022.

[73] Á. Borrell, M. Velasco, A. Camacho, J. Miret, and M. Castilla, “Remote negative-sequence voltage fair compensation in grid-forming inverter-based islanded AC microgrids”. *IEEE Trans. Power Electron.*, vol. 38, no. 10, pp. 12570-12582, Oct. 2023.

[74] J. Jia, G. Yang, and A. H. Nielsen, "A review on grid-connected converter control for short-circuit power provision under grid unbalanced faults". *IEEE Trans. Power Del.*, vol. 33, no. 2, pp. 649–661, Apr. 2018.

[75] J. Joshi, A. K. Swami, V. Jately, and B. Azzopardi, "A comprehensive review of control strategies to overcome challenges during LVRT in PV systems". *IEEE Access*, vol. 9, pp. 121 804–121 834, 2021.

[76] A. Milicua, G. Abad, and M. A. R. Vidal, "Online reference limitation method of shunt-connected converters to the grid to avoid exceeding voltage and current limits under unbalanced operation; part I: Theory". *IEEE Trans. Energy Convers.*, vol. 30, no. 3, pp. 852–863, Sep. 2015.

[77] O. Goksu, R. Teodorescu, C. L. Bak, F. Iov, and P. C. Kjær, "Impact of wind power plant reactive current injection during asymmetrical grid faults". *IET Renew. Power Gener.*, vol. 7, no. 5, pp. 484-492, Sep. 2013.

[78] C. Nithya and J. P. Roselyn, "Multimode inverter control strategy for LVRT and HVRT capability enhancement in grid connected solar PV system". *IEEE Access*, vol. 10, pp. 54 899-54 911, 2022.

[79] S. Alepuz, S. Busquets-Monge, J. Bordonau, J. A. Martinez-Velasco, C. A. Silva, J. Pont, and J. Rodriguez, "Control strategies based on symmetrical components for grid-connected converters under voltage dips". *IEEE Trans. Ind. Electron.*, vol. 56, no. 6, pp. 2162-2173, Jun. 2009.

[80] A. Azizi, A. Banaiemoqadam, A. Hooshyar, and M. Patel, "A blind spot in the LVRT current requirements of modern grid codes for inverter-based resources". *IEEE Trans. Power Del.*, vol. 38, pp. 319-334, Feb. 2023.

[81] S. K. Chaudhary, R. Teodorescu, P. Rodriguez, P. C. Kjær, and A. Gole, "Negative sequence current control in wind power plants with VSC-HVDC connection". *IEEE Trans. Sustain. Energy*, vol. 3, no. 3, pp. 535-544, Jul. 2012.

[82] H.-S. Song and K. Nam, "Dual current control scheme for PWM converter under unbalanced input voltage conditions". *IEEE Trans. Ind. Electron.*, vol. 46, no. 5, pp. 953-959, Oct. 1999.

[83] T. Lee, S. Hu, and Y. Chan, "D-STATCOM with positive-sequence admittance and negative-sequence conductance to mitigate voltage fluctuations in high-level penetration of distributed generation systems". *IEEE Trans. Ind. Electron.*, vol. 60, no. 4, pp. 1417-1428, Apr. 2013.

[84] P. Rodriguez, A. Timbus, R. Teodorescu, M. Liserre, and F. Blaabjerg, "Reactive power control for improving wind turbine system behavior under grid faults". *IEEE Trans. Power Electron.*, vol. 24, no. 7, pp. 1798-1801, Jul. 2009.

[85] J. A. Suul, A. Luna, P. Rodriguez, and T. Undeland, "Virtual-flux-based voltage-sensor-less power control for unbalanced grid conditions". *IEEE Trans. Power Electron.*, vol. 27, no. 9, pp. 4071-4087, Sep. 2012.

[86] "IEEE Standard definitions for the measurement of electric power quantities under sinusoidal, nonsinusoidal, balanced, or unbalanced conditions". *IEEE Std 1459-2010*, pp. 1-40, Mar. 2010.

[87] A. Camacho, M. Castilla, J. Miret, L. García de Vicuna, and M. Garnica, "Control strategy for distribution generation inverters to maximize the voltage support in the lowest phase during voltage sags". *IEEE Trans. Ind. Electron.*, vol. 65, no. 3, pp. 2346-2355, Mar. 2018.

[88] C. T. Lee, C. W. Hsu, and P. T. Cheng. "A low-voltage ride-through technique for grid-connected converters of distributed energy resources", *IEEE Trans. Industrial Application*, vol. 47, no. 4, pp. 1821-1832. 2011.

[89] Garcia-Valle, R.; Peças Lopes, J. A.; Electric vehicle integration into modern power networks, Springer Science+Business Media: New York, USA, 2013.

[90] J. Rocabert, A. Luna, F. Blaabjerg and P. Rodríguez, "Control of power converters in AC microgrids". *IEEE Trans. on Power Electron.*, vol. 27, no. 11, pp. 4734-4749, Nov. 2012.

[91] U. Sharma and B. Singh, "A bidirectional charger for low voltage powered battery vehicles". *IEEE Trans. Transport. Electrific.*, Early Access, doi: 10.1109/TTE.2023.3236965.

[92] H. S. Salama, S. M. Said, M. Aly, I. Vokony and B. Hartmann, "Studying impacts of electric vehicle functionalities in wind energy-powered utility grids with energy storage device", *IEEE Access*, vol. 9, pp. 45754-45769, 2021.

[93] N. Bañol Arias, S. Hashemi, P. B. Andersen, C. Træholt and R. Romero, "Distribution system services provided by electric vehicles: recent status, challenges, and future prospects", *IEEE Trans. Intell. Transp. Syst.,* vol. 20, no. 12, pp. 4277-4296, Dec. 2019.

[94] J. A. P. Lopes, C. L. Moreira and A. G. Madureira, "Defining control strategies for microGrids islanded operation", *IEEE Trans. Power Syst.,* vol. 21, no. 2, pp. 916-924, May 2006.

[95] M. U. Jan, A. Xin, M. A. Abdelbaky, H. U. Rehman and S. Iqbal, "Adaptive and fuzzy PI controllers design for frequency regulation of isolated microgrid integrated with electric vehicles", *IEEE Access*, vol. 8, pp. 87621-87632, 2020.

[96] E. H. Margoum, H. Mharzi, S. Faddel, A. Saad and O. Mohammed, "Coordinated control scheme for electric vehicles connected to droop-controlled microgrids", *in 2019 IEEE Transport. Electri. Conference and Expo (ITEC)*, 2019, pp. 1-6.

[97] M. Kesler, M. C. Kisacikoglu and L. M. Tolbert, "Vehicle-to-grid reactive power operation using plug-in electric vehicle bidirectional offboard charger", *IEEE Trans. Ind. Electron.*, vol. 61, no. 12, pp. 6778-6784, Dec. 2014.

[98] J. Y. Yong, Vigna K. Ramachandaramurthy, K. M. Tan and N. Mithulananthan, "Bi-directional electric vehicle fast charging station with novel reactive power compensation for voltage regulation", *in International Journal of Electrical Power & Energy Systems*, vol. 64, no. 1, pp. 300-310, Jan. 2015.

[99] S. Martinenas, K. Knezović and M. Marinelli, "Management of power quality issues in low voltage networks using electric vehicles: experimental validation", *IEEE Trans. Power Del.* vol. 32, no. 2, pp. 971-979, April 2017.

[100] N. Leemput, F. Geth, J. Van Roy, J. Büscher, J. Driesen, "Reactive power support in residential LV distribution grids through electric vehicle charging", *Sustainable Energy, Grids and Networks*, vol. 3, pp. 24-35, Sept. 2015.

[101] W. Choi, W. Lee and B. Sarlioglu, "Reactive power compensation of grid-connected inverter in vehicle-to-grid application to mitigate balanced grid voltage sag", *in 2016 IEEE Power and Energy Society General Meeting (PESGM)*, 2016, pp. 1-5.

[102] M. Savaghebi, A. Jalilian, J.C. Vasquez, and J.M. Guerrero, "Autono-mous voltage unbalance compensation in an islanded droop-controlled microgrid". *IEEE Trans. Ind. Electron.*, vol. 60, no. 4, pp. 1390-1402, Apr. 2013.

[103] Y. Han, P. Shen, X. Zhao, and J.M. Guerrero, "An enhanced power sharing scheme for voltage unbalance and harmonics compensation in an islanded AC microgrid". *IEEE Trans. Energy Conv.*, vol. 31, no. 3, pp. 1037-1050, Sep. 2016.

[104] L. Meng, X. Zhao, F. Tang, M. Savaghebi, T. Dragicevic, J.C. Vasquez, and J.M. Guerrero, "Distributed voltage unbalance compensation in islanded microgrids by using a dynamic consensus algorithm". *IEEE Trans. Power Electron.*, vol. 35, no. 4, pp. 4342-4352, Apr. 2020.

[105] Y. Peng, Z. Shuai, J.M. Guerrero, Y. Li, A. Luo, and Z.J. Shen, "Performance improvement of the unbalanced voltage compensation in islanded microgrid based on small-signal analysis". *IEEE Trans. Ind. Electron.*, vol. 67, no. 7, pp. 5531-5542, Jul. 2020.

[106] M. Ahmadi and S. Karimi, "Voltage unbalance compensation using new structure of decouple double synchronous reference frame in stand-alone microgrids". *IET Gener. Transm. Distrib.*, vol. 14, no. 22, pp. 5093-5103, 2020.

[107] R. Majumder, A. Ghosh, G. Ledwich, and F. Zare, "Load sharing and power quality enhanced operation of a distributed microgrid". *IET Renew. Power Gener.*, vol. 3, no. 2, pp. 109-119, 2009.

[108] N.R. Merritt, C. Chakraborty, and P. Bajpai, "New voltage control strategies for VSC-based DG units in an unbalanced microgrid". *IEEE Trans. Sustain. Energy*, vol. 8, no. 3, pp. 1127-1139. Jul. 2017.

[109] H.R. Baghaee, M. Mirsalim, G.B. Gharehpetian, and H.A. Talebi, "Decentralized sliding mode control of WG/PV/FC microgrids under unbalanced and nonlinear load conditions for on- and off-grid modes". *IEEE Systems Journ.*, vol. 12, no. 4, pp. 3108-3119, Dec. 2018.

[110] S.K. Sahoo, N.K. Kishore, and A.K. Sinha, "Multi-mode control and operation of a self-sufficient multi-microgrid system". *IET Gener. Transm. Distrib.*, vol. 13, no. 12, pp. 2550-2562, 2019.

[111] B. Liu, X. Zhao, Y. Liu, Y. Zhu, and J. Chen, "Control strategy of clustered micro-grids for grid voltage unbalance compensation without communications". *IET Gener. Transm. Distrib.*, vol. 14, no. 29, pp. 4410-4415, 2020.

[112] M. Velasco, P. Martí, A. Camacho, J.M. Rey, J. Miret, and M. Castilla, "Enabling grid-feeding converters with a dissonant-resonant controller for negative-sequence voltage elimination". *IEEE Trans. Power Electron.*, vol. 35, no. 4, pp. 4342-4352, Apr. 2020.

[113] A. Borrell, M. Velasco, J. Miret, A. Camacho, P. Martí, and M. Castilla, "Collaborative voltage unbalance elimination in grid-connected AC microgrids with grid-feeding inverters". *IEEE Trans. Power Electron.*, vol. 36, no. 6, pp. 7189-7201, Jun. 2021.

[114] K. Ma, M. Liserre, and F. Blaabjerg. —Power controllability of three phase converter with unbalanced AC sourcel, *in Proc. 28th Annu. Appl. Power Electron. Conf. Expo. (APEC),* Long Beach, CA, USA.pp. 342-350. 2013.

[115] A. Camacho, M. Castilla, J. Miret, J. Matas, R. Guzman, O. de Sousa-Perez, P. Marti, and L. G. de Vicuna. "Control strategies based on effective power factor for distributed generation power plants during unbalanced grid voltage", *in Proc. 39th Annu. Conf. Industrial Electron. Soc.*, Vienna, Austria pp. 7134-7139. 2013.

[116] H.-C. Chen, C.-T. Lee, P.-T. Cheng, R. Teodorescu, and F. Blaabjerg. "A low-voltage ride-through technique for grid-connected converters with reduced power transistors stress". *IEEE Trans. Power Electron*, vol. 31, no. 12, pp. 8562-8571. 2016.

[117] X. Guo, W. Liu, and Z. Lu. "Flexible power regulation and current limited control of the grid-connected inverter under unbalanced grid voltage faults". *IEEE Trans. Industrial Electron*. vol. 64, no. 9, pp. 7425-7432. 2017.

[118] X. Du, Y. Wu, S. Gu, H.-M. Tai, P. Sun, and Y. Ji, "Power oscillation analysis and control of three-phase grid-connected voltage source converters under unbalanced grid faults", *IET Power Electron.* vol. 9, no. 11, pp. 2162-2173. 2016.

[119] E. Afshari, G. R. Moradi, R. Rahimi, B. Farhangi, Y. Yang, F. Blaabjerg,and S. Farhangi. "Control strategy for three-phase grid-connected PV inverters enabling current limitation under unbalanced faults", *IEEE Trans. Industrial Electron.* vol. 64, no. 11, pp. 8908-8918. 2017.

[120] E. Afshari, G. R. Moradi, Y. Yang, B. Farhangi, and S. Farhangi. "A review on current reference calculation of three phase grid connected PV converters under grid faults", *in Proc. IEEE Power Energy Conf. Illinois* (PECI), Champaign, IL, USA, pp. 1-7. 2017.

[121] M. T. Bina and M. D. Eskandari, "Consequence of unbalance supplying condition on a distribution static compensator," *in Proc. IEEE 35th Annu.Power Electron. Spec. Conf.*, 2004, vol. 5, pp. 3900-3904.

[122] Aritz Milicua, Gonzalo Abad, and Miguel Ángel Rodríguez Vidal,*v*"Online Reference Limitation Method of Shunt-Connected Converters to the Grid to Avoid Exceeding Voltage and Current Limits Under Unbalanced Operation". *IEEE Trans. on energy con.*, Vol. 30, No. 3, 2015.

[123] Fermín Barrero, Sistemas de Energía Eléctrica. *Thomson*, vol. 1, pp. 277-318. 2004.

[124] P. Rodríguez, R. Teodorescu, I. Candela, A. V. Timbus, M. Liserre, and F. Blaabjerg. "New positive sequence voltage detector for grid synchronization of power converters under faulty grid conditions", *in Proc. 37th IEEE Power Electron*. Specialists Conf. pp. 1-7. 2006.

[125] J. Miret, M. Castilla, A. Camacho, L. G. de Vicuña, and J. Matas. "Control scheme for photovoltaic three-phase inverters to minimize peak currents during unbalanced grid-voltage sags", *IEEE Trans. Power Electronics*, vol. 27, no. 10, pp. 4262-4271. 2010.

[126] M. Graungaard, X. Wang, P. Davari, A, and F. Blaabjerg. "Current reference generation based on next-generation grid code requirements of grid-tied converters during asymmetrical faults," *IEEE Journal of emerging and selected topics in Power Electronics*, vol. 8, no. 4. 2020.

[127] Plet, C. A., Green, T. C.: 'A method of voltage limiting and distortion avoidance for islanded inverter-fed networks under fault', *in Proc. Europ. Conf. Power Electron. and Appl.*, Sept. 2011, pp 1-8.

[128] Bo Fan, Teng Liu, Fangzhou Zhao, Heng Wu, Xiongfei Wang, "A review of current-limiting control of grid-forming inverters under symmetrical disturbances", *IEEE Open J. of Power Electron.* vol. 3, pp.955-969, 2022.

[129] L. Harnefors, X. Wang, S. -F. Chou, M. Bongiorno, M. Hinkkanen and M. Routimo, "Asymmetric complex-vector models with application to VSC–Grid interaction," *in IEEE Trans. Emerg. Sel. Topics Power Electron.* vol. 8, no. 2, pp. 1911-1921, Jun. 2020.

[130] J. I. Iñiguez, J. Miret, A. Camacho, J.P. Chico. "Active-Power Voltage-Support for a Microgrid under Short-Circuits, Modelled inComplex Valued Domain" *in IECON 49th Annu. Conf. of IEEE Ind. Electron.*, Singapore. Oct. 2023.

[131] J. I. Iñiguez, J. Duarte, A. Camacho, J. Miret, M. Castilla "Voltage Support Provided by Three-Phase Three-Wire Inverters with Independent Reactive Phase-Current Injection". *IEEE Trans. Power Electron.*, May. 2024.

[132] *"P.O.12.2-connected installations to the transmission Spanish system:Minimum requirements for design and security. Grid code requirements for installations connected to the transmission system in Spain", Red Eléctrica España (REE), Grid code*, 2012.

[133] Amirnaser Yazdani, Reza Iravani, Voltage-Sourced converters in power systems. *John Wiley & sons publication.* 2010.

[134] "IEEE Standard Definitions for Power Switchgear", in *switchgear Committee of the IEEE Power Engineering Society. IEEE Standards Board.* 1991.

[135] J. Rocabert, A. Luna, F. Blaabjerg, and P. Rodriguez, "Control of power converters in AC microgrids". *IEEE Trans. Power Electron.*, vol. 27, no. 11, pp. 4734-4749, Nov. 2012.

[136] F. Ahmadloo and S. P. Azad, "Analysis of internal control loop interactions in VSCs: An individual design perspective," *IEEE Trans. Power Deliv.*, vol. 37, no. 3, pp. 1465-1475, June 2022.

[137] P. Verma, M. N. Anwar, M. K. Ram, and A. Iqbal, "Internal model control scheme-based voltage and current mode control of DC–DC boost converter," *IEEE Access*, vol. 11, pp. 110558-110569, 2023.

[138] P. Rodriguez, A. Luna, I. Candela, R. Mujal, R. Teodorescu, and F. Blaabjerg, "Multiresonant frequency-locked loop for grid synchronization of power converters under distorted grid conditions". *IEEE Trans. Ind. Electron.*, vol. 58, no. 1, pp. 127-138, Jan. 2011.

[139] F. J. Rodriguez, E. Bueno, M. Aredes, L. G. B. Rolim, F. A. S. Neves, and M. C. Cavalcanti, "Discrete-time implementation of second order generalized integrators for grid converters," *in 34th Annu. Conf. of IEEE Ind. Electron.*, Nov. 2008, pp. 176-181.

[140] M. Garnica, L. G. de Vicuña, J. Miret, M. Castilla and R. Guzmán, "Optimal voltage-support control for distributed generation inverters in RL grid-faulty networks". *IEEE Trans. Ind. Electron.,* vol. 67, no. 10, pp. 8405-8415, Oct. 2020.

[141] J. I. Iñiguez, J. Miret, A. Camacho, M. Castilla, "Distributed Generator with Virtual Grid-based Remote Voltage Unbalance Compensation and Maximum Current Limiting", *in ISIE 33th Inter. Symp. on Ind. Electron.*, Ulsan, South Korea. Jun. 2024.

[142] M. Moradi Ghahderijani, A. Camacho, C. Moreira, M. Castilla, and L. García de Vicuna, "Imbalance-voltage mitigation in an inverter-based distributed generation system using a minimum current-based control strategy". *IEEE Trans. Power Del.*, vol. 35, no. 3, pp. 1399-1409, Jun. 2020.

[143] P. Alemi, C.J. Bae, and D.C. Lee, "Resonance suppression based on PR control for single-phase grid-connected inverters with LLCL filters". *IEEE Journ. Emerg. & Selec. Topics Power Electron.*, vol. 4, no. 2, pp. 459-467, Jun. 2016.

[144] R.A. Fantino, C.A. Busada, and J.A. Solsona, "Optimum PR control applied to LCL filters with low resonance frequency". *IEEE Trans. Power Electron.*, vol. 33, no. 1, pp. 793-801, Jan. 2018.

[145] A.G. Yepes, F.D. Freijedo, J. Doval-Gandoy, O. Lopez, J. Malvar, and P. Fernandez-Comesana, "Effects of discretization methods on the performance of resonant controllers". *IEEE Trans. Power Electron.*, vol. 25, no. 7, pp. 1692-1712, Jul. 2010.

FSC
www.fsc.org
MIX
Papier | Fördert
gute Waldnutzung
FSC® C083411

Kolibri 360 GmbH
Ferdinand-Jühlke-Straße 7
99095 Erfurt, Deutschland
produktsicherheit@kolibri360.de

Druck:
CPI Druckdienstleistungen GmbH
im Auftrag der
Kolibri 360 GmbH
Ferdinand-Jühlke-Str. 7
99095 Erfurt